아이 뇌를 알면 — 진짜 마음이 보인다

SHONIKAI GA OSHIERU KODOMO NO NOU NO SEICHODANKAI DE
"SONOTOKI, ICHIBAN TAISETSUNA KOTO"

Original Japanese edition published by Nippon Jitsugyo Publishing Co., Ltd.
Korean translation rights arranged with Nippon Jitsugyo Publishing Co., Ltd.
through The English Agency (Japan) Ltd. and Duran Kim Agency

아이 뇌를 알면 진짜 마음이 보인다

20년 경력
소아과 의사가 전하는
뇌 발달 단계별
맞춤 육아법

오쿠야마 치카라 지음 | **양필성** 옮김 | **김영훈** 감수

머리말

아이 뇌에 육아의 답이 있다

울고 있는 아이는 어떤 생각을 하고 있을까요?

대부분의 부모는 아마 이렇게 추측할 것입니다. 배가 고픈 걸까? 뭔가 불안한 게 있는 걸까? 어딘가 상태가 안 좋은 걸까? 아픈 곳이 있는 걸까? 병원에 가 보는 것이 좋을까? 어떻게 해야 할까? 도대체 왜 우는 걸까?

아이의 행동이 가정 내의 다른 자녀와 유사하더라도 그 의미는 완전히 다를 수 있습니다. 약간의 관점 차이나 확신으로 인해 큰 문제가 생기기도 하죠. 그런데 처음 엄마 아빠가 된 부모는 갑자기 육아 전문가 수준의 대응이 요구됩니다.

이것은 정말 무서운 일입니다.

내 아이에게 맞는 올바른 육아를 위해서는 어떻게 하면 좋을까요? 시중의 많은 육아서에 적혀 있는 내용을 100퍼센트 지키면 완벽한 육아가 되는 걸까요? 책 속 육아법을 그대로 따라 해도 그 노력은 분명 헛수고가 되고 말 것입니다. 그 이유는 육아서에 쓰여 있는 아이는 당신의 아이가 아니기 때문입니다.

그렇다면 어떻게 해야 할까요? 먼저 아이를 보는 눈을 길러야 합니다. 즉 내 아이가 어떤 존재인지 분명하게 이해해야 하는 것이죠. 가장 현실적이고 명확하게 아이를 파악하는 방법은 바로 '뇌'에 있습니다. 아이를 부모의 경험이 아닌, '뇌 발달'이라는 관점으로 바라볼 때, 내 아이에게 맞는 가장 확실하고 과학적으로 입증된 육아법을 찾을 수 있습니다. 나아가 잘 몰랐던, 또는 오해했던 아이의 진짜 마음을 알 수 있겠죠.

질문을 하나 드리겠습니다. 당신은 아이를 '부모가 원하는 대로 살아 대단한 성취를 이룬 사람'으로 키우고 싶나요? 아니면 '자신이 원하는 삶을 사는 것에 자부심을 가진 사람'으로 키우고 싶나요?

전자의 경우는 오로지 결과만을 중시하는 부모의 편협한 가치관 때문에 아이는 자신의 성장 변화를 제대로 인식하지 못합니다. 겉으로 보기에 성공한 인생을 사는 것 같아도 자신이 정말로 원하는 삶을 살지 못하면 행복한 인생이 될 수 없습니다. 그러면 자신의 능력이나 특성을 스스로 판단하는 '자기평가'도

낮아질 수밖에 없습니다.

자기평가가 낮은 사람은 스스로를 인정하지 않을 뿐만 아니라, 자신에 대한 불안한 마음 때문에 타인에 대해서도 적절한 거리를 유지하지 못합니다. 자기평가가 높은 사람은 자신에 대한 통제에 신경을 쓰는 반면, 자기평가가 낮은 사람은 결과와 주위 사람들의 시선을 너무 의식한 나머지 다른 사람에 대한 통제에 더 많은 신경을 씁니다. 때로는 그것이 지나쳐 다른 사람에 대한 집착과 같이 심각한 통제로 이어지기도 합니다.

후자의 경우는 뇌를 구성하는 뉴런과 시냅스의 복잡한 네트워크 확장이 이루어져서 자기평가가 높은 아이로 성장할 가능성이 높습니다. 이런 타입의 아이는 자신에 대해 잘 알고 있어서 자신이 무엇을 잘하고 못하는지, 또 무엇을 좋아하는지까지도 파악하고 있습니다. 부모가 원하는 모습과 다를지라도 본인은 멋진 인생이라고 느낄 수 있습니다.

자기평가는 무언가를 이루었을 때나 무언가를 할 수 있을 때만이 아니라, 자신이 원하는 것을 찾고 그것에 도전하는 동안에도 높아질 수 있습니다.

안타깝게도 자신이 원하는 대로 아이가 자라길 바라는 부모라면, 이 책을 읽는 것이 시간 낭비가 될 수도 있습니다. 이 책은 아이의 뇌 성장 구조와 그 단계별 육아법을 이해함으로써 아이한 명 한 명이 가지고 태어난 보물을 개화시키는 데 도움을 주기 위한 목적으로 쓰였습니다. 다른 사람에게 휘둘리지 않으면서 사회적 유대 관계를 잘 유지하며 사는 것은 쉽지 않은 일입니다. 이처럼 자기 중심이 잡혀 있고 사람들과 잘 어울리는 아이로 키우기 위해서는 형제자매라 할지라도 각자 다른 방법이 필요합니다. 그 방법을 아는 사람이 가까이에 있다면 아이들도 안심하고 이 세상을 살아갈 수 있을 것입니다.

육아는 결코 쉬운 일이 아니며, 간단한 일도 아닙니다. 그러나 아이의 뇌 발달 과정과 관점을 이해하고 그와 관련된 다양한 방법을 익히면 실패해도 실망하지 않고 편하게 육아의 재미를 느낄 수 있을 것입니다. 이 책을 통해 '즐거운 육아'라는 새로운 관점의 육아를 만나 보시기 바랍니다.

오쿠야마 치카라

추천의 말

부모의 관점이 아닌, 아이의 관점으로 바라보는 육아

육아란 무엇일까요? 이 책에서는 부모가 아이에게 무엇인가를 알게 해 주는 것이라 말합니다. 그것은 바로 '고유의 개성'입니다. 즉 아이마다의 보물을 꽃피우기 위해서는 올바른 육아가 필요하다는 것이죠. 이를 위해서는 '아이의 관점'이라는 육아의 시각이 중요합니다.

사실 대부분의 부모는 자신들의 관점에서 아이를 바라보는 경우가 많습니다. 그러다 보니 육아는 점점 힘들어질 수밖에 없습니다. 만약 부모가 그들의 관점으로 육아를 한다면, 아이는 어린이집, 유치원, 초등학교, 집 등 어디에서나 착한 아이가 될 수도 있습니다. 사실 부모의 눈치를 보는 착한 아이는 주위에서도 흔히 볼 수 있지요. 또한 아직 미숙한 뇌를 가진 아이는 스스로 이유를 제대로 알지 못한 채 행동하는 경우가 많습니다. 예를 들어, 소리 지르고 떼를 쓴다거나, 말을 듣지 않고 대드는 행동이 있겠지요. 이러한 모습을 부모의 관점으로만 본다면, 나쁜 행동으로 오해해 아이를 혼낼 수도 있습니다. 그러면 아이는 혼나는 이유조차 모르고 상처를 받겠지요.

물론 아이의 관점에서 육아를 한다고 해도 한계점이 존재합니다. 그것은 아이의 관점을 지나치게 의식해 맞춰 주다 보면, 아이에게 휘둘릴 수도 있다는 것입니다. 그래서 저자는 부모가 아이에게 휘둘리지 않으려면 객관적인 관점에서 내 아이가 어떤 존재인지 파악해야 한다고 주장합니다. 저자는 그 방법을 '뇌'에서 찾고 있습니다. 이렇듯 '뇌 발달'이라는 관점에서 아이를 바라본다면, 내 아이에게 가장 적합한 육아가 가능합니다.

저자는 아이의 뇌 발달 단계를 셋으로 나누고 그 과정을 분명하게 알려 주고 있습니다. 1단계, 유아기는 안정감이 중요한 시기로 아이가 긍정적인 감정뿐 아니라 부정적인 감정을 표현하는 것을 배워야 하는 때라고 주장합니다. 2단계, 학령기는 칭찬을 통해 자존감을 높이는 것이 중요한 시기로 아이의 이야기를 부모가 잘 들어 주는 태도가 전제되어야 합니다. 3단계, 사춘기는 도전하는 자세가 중요한 시기로 아이가 두려워하지 않고 새로운 것에 도전할 수 있도록 믿어 주는 부모의 역할이 필요하다고 강조합니다. 이러한 단계별 지침들은 아이의 뇌 발달 육아에 통달한 저자의 혜안이라 할 만합니다.

이 책은 모든 시기에서 기본이 되어야 할 것은 안정감이라고 설명합니다. 그런 의미에서 아이의 뇌 발달에 있어 가장 중요한 것은 '올바른 애착 형성'이라 할 수 있습니다. 애착이란 부모가 자녀에게 안정감을 키워 주는 것을 말하는데요. 저자는 아이의 마음속에 안정감이 자리 잡으면 인내심이 길러지고, 스트레스를 극복할 수 있는 강인함이 생긴다고 주장합니다. 애착 형성이 충분하지 못한 아이는 안정감이 부족하기 때문에 불안정한 마음 상태가 지속됩니다. 애착의 중요성은 여타의 육아서에서도 강조되는 것이기는 하지만, 이 책에서는 뇌 발달의 관점에서 애착을 바라보며 그 중요성을 과학적으로 설명해 주고 있습니다.

또한 저자는 아이의 뇌 발달 단계에 따른 올바른 소통법도 소개하며, 특히 중요한 것은 부모의 일관성이라고 말합니다. 예를 들어 아이에게 지시하는 경우, 말과 표정을 일치시켜야 아이가 혼란스러워하지 않는다고 설명합니다. 저 또한 이 부분을 읽으면서 무릎을 탁 칠 정도로 공감할 수밖에 없었습니다. 부모가 화가 난 상태로 지시를 내리게 되면, 아이의 머릿속에서는 지시 내용보다도 부모의 화로부터 피하는 것에 집중하게 되기 때문입니다. 즉 이는 부모가 의도하지 않은 잘못된 방향의 육아가 되어버리는 것이죠.

나아가, 아이와의 의사소통에서 경청은 아무리 강조해도 지나치지 않습니다. 저자는 아이에게 필요한 것은 부모가 자신의 이야기를 들어 주는 경험이라 말합니다. 이를 통해 아이는 마음 속 이야기를 털어놓는 것에 어려움을 느끼지 않게 되고, 경청 습관도 기를 수 있습니다. 설령 부모가 이미 알고 있는 이야기라 하더라도 모르는 척 들어야 하며, 특히 아이가 말할 때 그 내용이 거짓인지 진실인지 확인하려는 습관도 버려야 한다고 주장합니다.

책은 효과적인 훈육 기술도 제시하고 있습니다. 그중에서 주목할 만한 것은 바로 무시에 대한 내용입니다. 사실 부모는 아이가 잘못된 행동을 한다면, 그 행동을 고쳐 주고 싶은 마음이 들기 때문에 무시하기가 쉽지 않습니다. 그래서 아이가 그 행동을 지속할 때 부모는 자신의 감정을 억제하지 못할 수도 있습니다. 이럴 때의 해결책으로 다른 것을 생각하거나, 집안일을 하는 등 다른 활동을 해 볼 것을 제안합니다. 그러면 무시하면서 발생하는 감정을 가라앉힐 수 있기 때문입니다.

궁극적으로 아이를 양육한다는 것은 아이의 자존감을 높여

'인생을 헤쳐 나가는 힘'을 만들어 주는 데 있습니다. 아이의 자존감을 키우려면 아이에게 부정적인 기억을 심어 주는 스트레스나 트라우마를 다루는 법도 알아 두어야 합니다. 위기 상황에 빠지면 뇌는 투쟁과 도주, 둘 중 하나의 대응을 선택합니다. 사실 우리는 직면한 상황에 부딪쳐 해결하는 투쟁만을 강요받아 왔지, 도주하는 기술은 배우지 못했습니다. 하지만 극심한 스트레스나 트라우마 상황에서의 투쟁은 더 큰 상처만 심어 줄 수 있으며, 오히려 도주가 아이에게 더 좋은 방식일 수 있습니다. 이러한 경험을 통해서 아이는 나쁜 일을 피하거나 극복하는 경험을 쌓아 가고 그로 인해 그 상황에 적합한 행동을 익힐 수 있습니다.

마지막으로 저자는 더 나은 육아를 위해 부모가 알아야 할 것으로, 애착장애·발달장애 문제를 겪는 아이들의 사례를 다루며 안정감의 중요성을 다시금 강조합니다.

이렇듯 이 책은 아이의 뇌 발달 단계에 따라 부모가 놓치고 있었던 필수 지식부터 소통법, 훈육법, 단단한 마음을 만들어 주는 법, 그리고 양육법까지 알려 주고 있습니다. 아이의 뇌 발달 관점에 기반한 실용적이고 효과적인 지침들이 가득해 실제 육아에 적용한다면 많은 도움을 얻을 수 있을 것입니다.

김영훈(가톨릭대학교 의정부성모병원 소아청소년과 교수)

차례

PART 2
아이에게 상처 주지 않는 올바른 소통법

PART 3
칭찬·무시·벌칙을 활용한 효과적인 훈육 기술

PART 4
내면이 단단한 아이로 키우는 법

PART 5
더 나은 육아를 위해 부모가 알아야 할 것

PART 1

아이 뇌 발달 단계별 필수 지식

01

아이 뇌는 어떻게 발달할까?

육아의 진정한 의미

육아란 무엇일까요? 그것은 바로 부모가 아닌, 아이를 위한 것을 의미합니다. 그리고 아이가 태어날 때부터 가지고 있는 개성을 성장하면서 깨닫게 하는 것을 말하죠. 부모는 아이가 커 가는 과정에 맞춰 줄 뿐입니다. 아이가 잘 자라게 하기 위해서는 아이의 관점에 맞는 '적절한 행동'으로 양육하는 것이 중요합니다.

다만 아이의 말에만 맞추다 보면 오히려 아이에게 휘둘릴 수도 있습니다. 그와 같은 상황은 아이의 성장에 전혀 도움이 안

될 뿐만 아니라 부모에게도 괴롭고 힘든 일이기 때문에 당연히 육아도 전혀 즐겁지 않은 일이 되어 버리고 맙니다. 그러니 조심해야 하겠죠.

이 장에서는 아이의 뇌 발달 과정을 분명하게 이해함으로써 아이에게 통제당하지 않고 즐겁게 육아할 수 있는 다양한 방법에 대해 설명하도록 하겠습니다.

태어나기 전부터 성장하는 뇌

언제부터 아이의 뇌 성장이 시작될까요? 엄마가 임신했을 때부터라고 생각하십니까? 결론적으로는 그렇지 않습니다. 연구자들에 의하면 뇌의 뉴런neuron(신경세포)은 아이가 엄마 배 속에 잉태되기 훨씬 전부터 만들어지고, 학대당한 아이의 뇌 연구나 동물실험을 통해서도 뇌 손상이 수 세대에 걸쳐 이어진다고 알려져 있습니다.

이런 말을 들으면 '태어나기 전부터 뇌의 모든 것이 정해져 있다면 지금 노력해도 소용없지 않을까?'라고 생각할지 모릅니다. 하지만 너무 걱정할 필요는 없습니다. 손상된 뇌라도 좋은 회로를 새롭게 만들거나 기존 회로를 재배선하면 바뀔 수 있다는 사실이 다양한 연구를 통해 밝혀지고 있기 때문입니다.

그렇다면 먼저 아이의 뇌 발달 과정에 관해서 자세히 알아보도록 합시다.

미숙 뇌에서 성숙 뇌로

아이는 3세 정도가 되면 부모와 여러 가지 말과 행동을 주고받을 수 있게 됩니다. 동시에 부모의 말을 잘 듣지 않게 되는 힘든 시기이기도 합니다. 형이나 누나가 있으면 부모는 거의 지옥에 가까운 경험을 할 수도 있습니다. 부모는 말을 듣지 않는 아이를 칭찬하고 달래고 꾸짖기도 하면서 어떻게든 제지해 보려 하지만, 결과는 짜증만 가중될 뿐 좀처럼 뜻대로 되질 않습니다.

육아서에서도 이 시기의 아이를 어떻게 다뤄야 하는지 그 대책을 다양하게 제시하고 있습니다. 하지만 뇌 발달 과정의 특징을 이해하지 못하면 큰 함정에 빠지게 되고, 10년 후에는 뼈아픈 후회와 함께 지옥과 같은 나날을 보낼 수도 있습니다.

그 특징을 이해하기 위해서는 먼저 '미숙 뇌와 성숙 뇌의 차이' 그리고 '신경 회로neural circuit(여러 뉴런 간의 네트워크)의 편성상 문제'를 아는 것이 중요합니다.

우리 뇌는 작은 신경세포인 뉴런의 집합체로, 신경세포 간 연결되는 접합부를 시냅스synaps라고 말합니다. 뇌는 이 시냅스를 통해 항상 상호작용을 하는 정교한 신경 회로로 구성되어 있습니다. 신생아의 뇌는 약 1000억 개의 뉴런과 약 100조 개의 시냅스가 복잡하게 연결되어 있지만, 뇌가 발달하면서 필요한 시냅스만 살아남고 그렇지 않은 시냅스는 끊어지게 됩니다. 이를 '시냅스 가지치기synaptic pruning'라고 합니다.

발달기에 보이는 시냅스 가지치기 과정

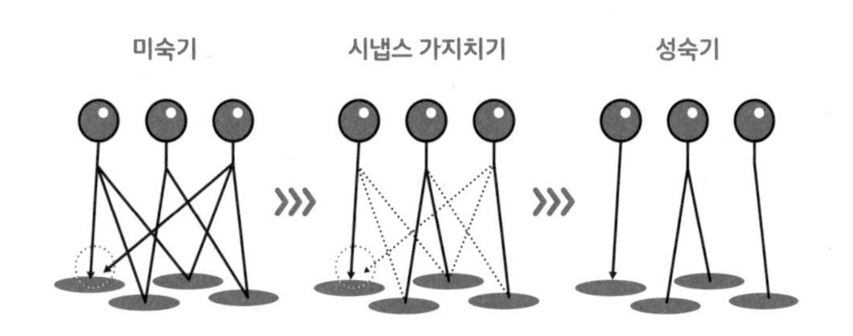

미숙기는 하나의 신경세포가 많은 신경세포에 연결되려고 하지만, 그 후 환경이나 경험 등의 외부 자극에 의해 강화된 연결은 남고, 불필요한 연결은 제거되어(가지치기), 기능적이고 낭비가 없는 성숙한 회로가 완성됩니다.

이러한 작업을 반복하면서 미숙 뇌는 성숙 뇌로 성장해 갑니다. 하지만 학대와 같이 강한 억제가 걸린 상태가 되면 올바른 연결이 어려워집니다. 다시 말해 텅 빈 뇌가 되는 것이죠.

유아기, 제1 성장기

앞서 말했듯, 유아기는 뇌 네트워크의 질이 엄청나게 향상되는 시기라 할 수 있습니다. 신체적으로는 기어 다니다가 일어서

뇌 발달별 시냅스 비교

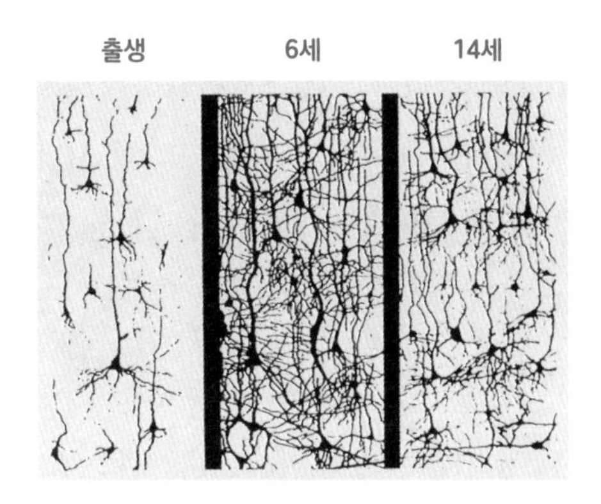

위 그림은 정상적으로 발달한 아이의 뇌 상태입니다. 출산 시에는 엉성한 모습이지만 6세 무렵이 되면 꽤 조밀해집니다. 그러나 사춘기를 맞이하는 13세 무렵이 되면 가지치기로 인해 시냅스가 정리되어 안정되고 성숙한 뇌로 변화하는 모습을 볼 수 있습니다.

출처: 헤네시 스미코Sumiko Hennessy, 「애착 유대의 중요함과 애착 복원에 대하여」

서 걷고, 뛰기도 하는 등 인간의 일생 중에서 가장 큰 진보가 있는 시기입니다.

게다가 유아기는 뇌 네트워크의 질이 급격하게 변화하기 때문에, 위 그림의 가운데와 같이 시냅스의 연결이 매우 조밀해지는 성장 단계이기도 합니다. 동시에 대량의 정보에 노출되는 탓에 뇌의 정보 처리가 더뎌 차분하지 못한 모습을 보이기도 하고, 감정 처리를 담당하는 대뇌변연계limbic system가 성장하는 시기이기도 합니다.

일반적으로는 유아기를 '제1 반항기'라고 합니다. 하지만 사춘기를 '제2 반항기'와 더불어 '제2 성장기'라고 부르듯이, 저는 유아기를 '제1 성장기'라고 부르고 있습니다. 감정이나 감수성이 풍부하게 성장하는 시기이기 때문이죠. 이 시기 미숙 뇌의 회로 확장은 추후 성숙 뇌로 발전하는 데 매우 중요합니다.

뇌 발달 단계마다 중요한 것이 다르다

뇌 발달에는 3단계가 있다

아이 뇌의 성장 단계는 발달하는 뇌의 영역에 따라 크게 유아기(3~6세), 학령기(7~12세), 사춘기(13~18세)로 나뉩니다. 각각의 성장 단계마다 '가장 중요한 것'도 다른데, 아래에서 차례로 살펴보도록 하겠습니다.

① 유아기: '안정감'이 중요하다

이 시기는 부모와의 올바른 애착 관계를 통해 안정감을 형성하는 것이 중요합니다. 또 아이가 부정적인 표현을 포함해 감정을 겉으로 표현하는 것도 배워야 하는 때입니다. 자세한 내용은 뒤에서 설명하겠지만, 아이의 '환경은 제한하더라도 행동 제한은 최소화해야 한다'라는 규칙을 기억하시기 바랍니다.

② 학령기: 칭찬으로 '자기평가를 높이는 것'이 중요하다

이 시기는 부모의 칭찬을 통해 아이의 자기평가를 높여 주는 것이 필수적입니다. 또 아이에게 '자신의 이야기를 누군가 들어주는 경험'을 만들어 주는 것도 중요합니다. 이 체험으로 칭찬을 받을 기회가 생기기 때문입니다. 또 사춘기가 다가오면 부정적 체험을 통해서 그에 맞는 '적절한 행동을 찾는 것'과 여러 '회피 기술'을 익혀 가는 것도 중요합니다.

③ 사춘기: '새로운 것에 도전하는 자세'가 중요하다

이 시기는 아이가 자신만의 방법으로 어떤 것에 도전하는 경험이 중요합니다. 경험이 쌓이면 아이의 자기 주도성도 자연스레 길러집니다. 이때 주의해야 할 것은 결과에 연연하는 것이 아닌, '새로운 것에 도전하는 자세' 그 자체가 중요하다는 생각을 가지고 아이를 지켜봐 주시기 바랍니다.

아이에게 '인생을 헤쳐 나가는 힘'을 키워 주어라

"우리 아이는 벌써 덧셈을 할 줄 알아요."

"우리 아이는 이단 뛰기 줄넘기를 할 수 있어요."

부모 중에는 이처럼 아이에게 다른 아이들보다 잘하는 한 가지를 만들어 주기 위해 조기교육에 열의를 다하는 분들이 있습니다. 그러나 당신의 아이에게 가장 중요한 것은 무엇일지 생각해 보세요.

그것은 바로 '인생을 헤쳐 나가는 힘'입니다. 이 힘의 기반은 자기 긍정감으로 연결되는 자기평가에 있습니다. 즉 자신을 제대로 알고, 긍정적으로 바라볼 수 있다면 인생을 헤쳐 나가는 일은 그리 막막하지 않겠죠.

이 힘을 길러 주기 위해서는 '아이의 뇌 발달 단계에 따른 그때 가장 중요한 것'이 무엇인지 알아야 합니다. 그래야 아이에게 맞는 육아법으로 높은 자존감을 키워 줄 수 있고, 결국 인생을 헤쳐 나갈 단단한 토대를 만들어 줄 수 있습니다.

03

나쁜 아이가 되는 게 좋다

왜 나쁜 아이가 좋을까?

"나쁜 아이가 되는 게 좋다"라고 말하면 '왜 나의 소중한 아이를 나쁜 아이로 키워야 하지?'라고 의문을 갖는 분도 있을 것입니다. 그렇게 생각하는 것도 무리는 아닙니다. 그러나 나쁜 아이가 된다는 것은 아이의 뇌 성장에 있어 대단히 중요합니다. 그 이유를 지금부터 설명하겠습니다.

미숙 뇌와 성숙 뇌의 차이를 언급하며 앞서 말했듯이, 신경세포 네트워크는 일대일이 아니라 많은 신경세포가 동시에 다

신경 회로의 재편성

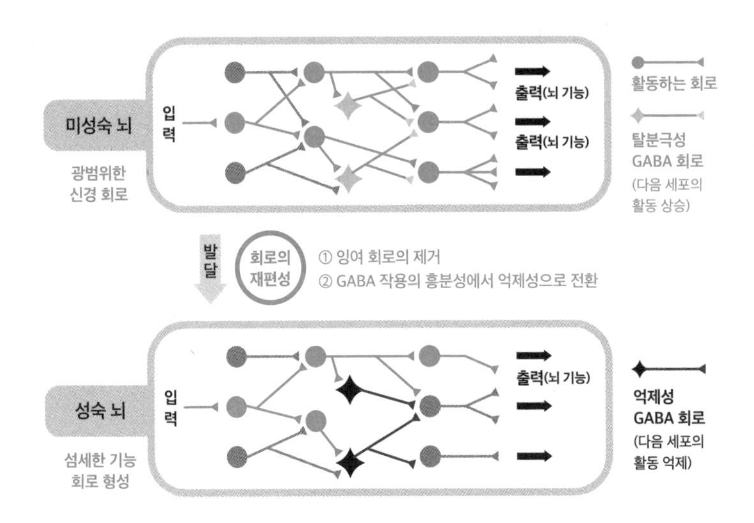

출처: 나베쿠라 준이치鍋倉淳一, 자연과학연구기구 생리학연구소

각도로 연결되는 것에서 시작합니다. 그 외에도 뇌에는 기능적인 특징이 있습니다. 기본적인 뇌 구조는 '촉진 네트워크'와 '억제 네트워크'로 형성되고, 서로가 제어하도록 되어 있습니다.

그러나 성숙 뇌에서는 원래 억제 쪽으로 작용하는 네트워크가, 미숙 뇌에서는 촉진 쪽으로 작용합니다(GABAγ-aminobutyric acid 회로). 그 때문에 전문적으로 말하면 현시점에서는 제어할 수 없는 뇌의 네트워크를 남겨 두는 것이 성숙한 뇌로 성장했을 때

억제 네트워크가 제대로 기능하게 되는 것입니다.

예를 들어, 유아기 아이가 소리 지르고 떼를 쓰는 것은 다각적인 네트워크의 확장으로 만들어진 성장의 증거이기도 합니다. 아이가 말썽을 부리는 상황을 인정함으로써 보다 이성적인 인간으로 성장할 기회가 주어집니다.

엄격한 대응은 뇌 성장을 어렵게 만든다

반대로 미숙한 뇌를 가진 아이를 학대하거나 너무나 엄격하게 대우한다면 신경 회로의 연결을 엉성하게 만들 수 있습니다.

그 결과, 정보 통제 등의 억제 네트워크의 성장이 어려워져 뇌로 전달되는 정보를 스스로 통제하기 힘들어집니다. 폭력이나 강압적인 언행으로 아이를 강제로 따르게 하면 일시적으로는 착한 아이처럼 행동하겠지만, 뇌의 억제 네트워크 발달이 약해지는 결과를 초래하는 것이죠.

게다가 뇌 회로의 연결망이 조잡해진 상태로 확대되는 큰 문제 또한 발생하게 됩니다. 그렇게 되면 전두엽 기능이 발달하여 자아의 싹이 트는 사춘기 때 감정이나 행동의 제어가 어려워지고 맙니다. 결국 유아기와는 비교할 수 없을 정도로 극심한 혼란의 시기를 맞이할 가능성이 높아지는 것이죠.

흔히 사춘기를 반항기라고 부르는데요. 부모의 적절한 대응으로 올바르게 성장한 아이는 심한 반항은 하지 않고 작은 반항에 그칩니다. 결국 부모가 어떻게 행동하느냐에 따라 사춘기 아이의 반항 정도가 크게 달라질 수 있습니다.

특히 유아기부터 학령기까지 착한 아이로 지내던 아이들의 혼란은 엄청나게 크기 때문에 반항 정도가 극심해집니다. 그래서 아이의 성장은 어느 한 시기의 '점(결과)'으로 보는 것이 아니라 '선(과정)'으로, 더 나아가 '입체적(변화)'으로 생각해 시기에 맞게 적합한 육아를 할 필요가 있습니다.

미숙한 단계를 인정하는 것이 성장으로 이어진다

'나쁜 아이가 되는 게 좋다'라는 의미는 아이의 버릇없는 행동 속에 온화하게 자라는 열쇠가 숨겨져 있다는 의미입니다.

현시점에서 말을 듣지 않는 아이의 미숙한 단계를 인정하고 성장을 지켜봐 주는 부모의 태도가 나중에 온화하고 스스로 통제할 수 있는 아이의 뇌를 만드는 데 대단히 중요합니다. 그렇다 하더라도 사람들 앞에서 소리 지르고 떼를 쓰는 아이에게 아무것도 하지 않고 계속해서 무시하는 태도로 일관하는 것은 부모로서 매우 힘든 일입니다. 이와 관련된 해결책은 뒤에서 자세히 설명하도록 하겠습니다.

'어디에서나 착한 아이'는 위험하다

착한 아이가 왜 이렇게 달라졌을까?

예전에 아이에 관한 힘든 일을 이야기해 준 분이 있었습니다.

저희 아이는 초등학교 5학년 때까지는 아무런 불만도 없이 부모의 말을 아주 잘 듣는 착한 아이였습니다. 그런데 아이가 6학년 즈음부터 학교에 가지 않는 날이 늘어나더니 중학교에 들어가서는 아예 안 가게 되었습니다. 그리고 '자신이 이렇게 된 것은 모두 부모의 잘못된 대응 때문이다'라는 식으로 부모인 저희를 탓하는 일이 많아졌습니다. 게다가 "옛날 일을 생각하면 죽고 싶어진다"라고 말하는 등 자기혐오가 점점 심해졌습니다. 그 무렵부터 자해를 하기도 했고, "점점 더 심하게 당신들을 힘들게 할 거야"라는 말을 하기도 했습니다. 저는 지금까지 아이에 관한 이야기를 아무에게도 상담할 수 없었습니다. 한다 해도 좋아지지 않을 것이고, 피할 수도 없어서 너무나 고통스럽습니다. 왜 아무런 불만도 없이 말을 잘 듣던 아이가 이렇게 돌변한 것일까요? 도대체 저희 부부는 아이를 어떻게 대해야 할까요?

저는 취학 전후 시기에 부모가 가장 주의해야 할 것이 어린이집, 유치원, 초등학교, 집 등 '어디에서나 착한 아이'로만 보이는 아이라고 생각합니다. 아직 미숙한 뇌를 가진 아이는 이유를 제대로 알지 못한 상태로 행동하는 경우가 많기 때문에 나쁜 행동을 하는 것이 당연할 수 있습니다.

그러나 모든 상황에서 착한 아이는 '자신이 착한 아이여야만 사람(어른)들에게 인정받을 수 있다'라는 생각을 너무 강하게 의식하는 경우가 많습니다.

이렇게 되면 아이가 가지고 있어야 할 본래의 모습이 드러나지 못합니다. 그리고 이러한 상태의 뇌 움직임은 신경 네트워크가 다각적으로 확대되지 못하고, '결과'만을 너무 의식하게 됩니다.

착한 아이라는 압박감이 사춘기 반항으로 표출될 수 있다

부모가 바라는 행동을 하는 착한 아이는 부모에게는 편리한 아이일 수도 있습니다. 부모의 시각에서 보면 '손이 가지 않는 착한 아이여서 좋다'라고 안이하게 받아들일지도 모릅니다.

하지만 이 시기에 착한 아이로 보이면 보일수록 나중에 두려운 변화가 예상됩니다. 사춘기가 되면 사고나 기억, 의사소통, 감정 관리, 행동 제어를 담당하는 전전두엽prefrontal cortex이 활성화되며 이 영역에 관여한 자아가 싹을 트게 되기 때문이죠.

자아의 싹이 자라게 되면 본래 자신이 가야 할 길과 지금까지 부모에 의해 걸어온 길이 다를수록 아이는 길을 잃어버린 것처럼 혼란스러워합니다. 아이가 그런 혼란을 겪지 않도록 하기 위해서라도 뇌 발달 단계에 맞춰 '아이의 관점'을 이해하고 그에 맞는 적절한 대응이 빠른 시기에 이루어질 수 있도록 해야 합니다. 착한 아이라고 해서 반드시 좋은 성장이라고 할 수는 없습니다. '어디에서나 착한 아이'의 뇌는 긍정적인 방향의 회로 연결이 단절된 위험한 상태이기 때문입니다.

이런 아이가 사춘기에 들어서면 감정 관리가 잘되지 않아 집에서 난폭한 행동을 하거나 자해 행위가 점점 심해지기도 하고 입원이 필요한 아이들도 상당히 많습니다. 유아기와 비교하면 신체적으로도 크게 성장하고 정신세계도 빠르게 확장되기 때문에 사춘기 아이에 대한 대응은 결코 쉬운 일이 아닙니다.

사춘기 시기를 잘 대응하기 위해서는 부모의 심리적 각오도 필요하지만, '사춘기 뇌의 움직임'에 대해 살펴보는 것이 많은 도움이 될 것입니다(이에 관해서는 뒤에서 보다 자세히 다루도록 하겠습니다).

아이들은 반드시 부모가 생각하는 착한 아이로 자랄 필요는 없습니다. 자기 자신을 잘 알고 그에 근거한 행동을 할 줄 아는 아이, 그래서 자기평가가 높은 아이로 키우는 것이 더 중요합니다.

05

평생의 보물이 되는 자기평가를 높여 주는 방법

자기평가가 낮으면 힘든 삶으로 이어진다

자기평가가 낮으면 자신의 행동을 스스로 제한하게 됩니다. 이전 학교에서 따돌림과 괴롭힘을 당했던 아이가 제게 이런 말을 한 적이 있습니다.

"죽고 싶어도 죽는 것조차 나에게는 허락되지 않았어요. 더 이상 내일이 없는 사람들에게 죄를 짓는 것 같아서요."

또 힘들어서 자신에게 상처를 입히는 아이가 이렇게 말한 적도 있습니다.

"내가 입은 상처는 나 자신이기도 하고 벗어날 수 없는 죄이기도 해요. 그래서 그 상처가 아물면 불안해져서 다시 새로운 상처를 입혀요."

최근의 연구에서는 따돌림이나 학대에 의한 뇌 손상 문제가 주목받고 있습니다. 그 때문에 자기평가가 낮은 아이는 소중한 존재인 자기 자신을 상처 입히고 거기에 무감각해집니다. 특히 이처럼 상처를 입은 아이의 부정적인 감정에 대해 부모는 어떻게 대처하면 좋을까요?

먼저 아이의 자기평가를 높이고 다른 사람에게 휘둘리지 않도록 '자기 통제력을 높이는 것'에 집중해야 합니다.

특히 사춘기 아이의 경우, 내측전전두피질medial prefrontal cortex과 안와전두피질orbitofrontal cortex 등을 포함한 전전두엽 네트워크 기능이 강화돼야 합니다. 그러기 위해서는 애착 형성과 같은 안정감을 키우는 신경 회로가 제대로 연결되어 있는 것이 필수입니다. 그런 상태가 된 이후에야 자신에게 의식이 향하는 환경을 만들 수 있기 때문입니다.

자기평가가 높아지면 다른 사람보다 자신을 더 의식하게 됩니다. 그리고 다른 사람을 통제하려고 하기보다는 자기 통제에 더 많이 집중하게 됩니다.

다만 자기 통제라 해도 불안이나 긴장 등의 '충동 통제'나 '자신을 둘러싼 환경 통제' 등 다양한 통제의 영역에 따라 어려움의 정도가 달라집니다. 자기 통제의 영역 중 비교적 의식하기 쉬운 것 중 '신체 통제'가 있습니다. 신체 통제가 가능해지면 자기 통제도 비교적 더 쉬워집니다.

유아기부터 사춘기 이후까지의 신체 통제

유아기부터 학령기의 아이들은 자유롭게 위험한 놀이를 하면서 신체 통제를 자각하게 됩니다. '위험하다'라고 느끼는 놀이는 신체의 심층근을 무의식적으로 긴장시켜서 몸을 강화하고 조절하기 쉽게 만듭니다.

이 시기 아이들을 자유롭고 즐겁게 놀게 한다면 사춘기에 중요한 전전두엽에도 좋은 자극을 줄 수 있습니다. 또한 많이 걸으면 뇌의 중요한 기억 장소인 내후각피질entorhinal cortex의 격자세포(내후각피질의 신경세포로, 공간과 거리에 관한 정보를 저장하며 장소세포의 정보 처리를 돕는다-편집자)를 자극하고 뇌의 GPS 역할을 하는 해마의 장소세포(해마에 있는 신경세포 중 하나로, 공간에 예민하게 반응하여 우리 머릿속의 지도라 불린다-편집자)를 움직이게 합니다. 이와 같은 역할에 의해 뇌 속의 지도가 다시 그

려지고 작업 기억의 발달에도 영향을 준다고 알려져 있습니다. 다만 걷는 것에 관해서도 길을 돌아가는 등의 자유로운 환경을 즐기는 것이 전제되어야 합니다.

사춘기 이후의 아이에게는 보다 의식적인 운동이 중요합니다. 어떤 운동을 하더라도 중요한 몸의 기능을 의식할 수 있는 올바른 자세를 취하도록 해야 합니다.

목표에 가까워지고 있다는 감각은 자기평가를 높인다

저는 중·고등학교에서 동아리 활동을 하는 아이들이나 주니어 운동선수와 같은 아이들을 대상으로 운동기구를 활용하여 의학적으로 올바른 신체 사용법을 지도한 적이 있습니다. 자신의 움직임을 살피고 수정하면서 자기 몸을 이해하는 것을 중심으로 한 활동이었습니다. 이때 아이들이 즐거워하던 모습을 잊을 수 없습니다.

실제로 운동 체험을 통해 아이들에게 다음과 같은 말을 들었습니다.

“몸을 의식하면서 제가 할 수 있는 것에 온전히 집중할 수 있었습니다."

"단순한 움직임의 운동이었는데 몸의 근육을 엄청 많이 쓴 것 같은 느낌이었습니다."

"운동하기 전후의 차이가 눈에 보여서 실감할 수 있었습니다."

"지금까지 해 봤던 운동과는 완전히 다른 느낌이었습니다. 올바른 몸의 사용이 중요하다는 것을 체득했습니다."

몸을 사용하면 자신이 무엇을 못하고 어떤 것을 강화해야 하는지, 또 어떤 것에 힘을 빼야 하는지를 알 수 있습니다. 남이 시키는 것을 따라 하는 것이 아니라 자신의 의지로 스스로를 제어하는 법을 배움으로써 많은 것을 느낄 수 있습니다.

그렇게 자기 몸의 사용법을 객관적으로 알게 되면 자기 통제를 즐기면서 많은 것을 발견할 수 있습니다. 그리고 아이가 '결과'뿐만 아니라 자신의 '변화'를 직접 느끼게 되면 그 경험을 통해 새로운 것을 배울 수도 있겠죠.

중요한 것은 '무엇을 했는가'라는 결과가 아니라, '자신이 설정한 목표에 가까워지고 있다'라는 감각을 느낄 수 있느냐 없느냐입니다. 상대적인 숫자만을 너무 의식하면 결과를 만들어 내지 못하는 자신을 질책하거나 힘들어하게 됩니다. 자신을 통제하는 것을 즐기고, 변화하여 성장할 수 있다는 것을 느끼면 스스로를 좋아하게 될 수도 있습니다. 그것이 자기평가를 높이는 것으로 이어집니다.

유아기 ①

올바른 애착 형성이 중요한 이유

애착은 애정이 아니다

"애착이란 무엇일까요?"

예전에 어린이집을 다니는 아이의 부모들에게 이런 질문을 한 적이 있습니다. 그러자 다음과 같은 의견이 모였습니다.

- 소중해서 버릴 수 없는 감정
- 소중하게 생각해야 한다는 마음
- 아이를 지켜보며 따뜻하게 감싸는 것

- 마음의 뿌리 부분이 꽉 묶여 있는 느낌
- 함께 있고 싶고, 함께 있으면 안정되는 마음
- 모든 것을 수용해 주는 기분을 특정인에게 느끼는 것
- 사랑하는 것, 소중하게 생각하는 것, 시간을 공유하는 것
- 사람 또는 물건 등 대상을 소중하게 생각하고, 잃고 싶지 않은 마음

이러한 의견을 보면 애착이란 대단히 막연하고, 애정 또는 '소중하게 생각하는 마음'이라고 여기는 사람이 많은 듯합니다. 하지만 애착은 애정이 아닙니다. 아이가 불안을 느끼거나 위기감을 느끼는 힘든 상황이 되었을 때, 신뢰할 수 있거나 안심할 수 있는 관계를 반복하는 것을 '애착 행동'이라고 말합니다.

올바른 애착 형성이 강인한 아이를 만든다

이와 같은 '신뢰할 수 있는 사람 = 안전지대'라는 인식을 바탕으로 한 애착 행동을 반복함으로써, 안정감이 키워집니다. 이것이 애착입니다. 그리고 아이가 성장하면 실제로는 안전지대가 되는 사람이 눈앞에서 사라져도 내재화되어 아이의 마음속에 '안정감의 싹'이 자라게 됩니다. 안정감이 마음속에 자리 잡

으면 참을성이 생기고, 스트레스를 잘 극복할 수 있는 강인한 아이가 됩니다. 이것을 아이의 뇌 발달 관점에서 생각하면 애착이란 안정감을 느낄 수 있는 뇌 회로가 잘 형성되어 있다는 것을 의미합니다.

따라서 부모와 잘못된 애착 관계를 맺은 아이는 자신이 충분히 안전하다고 느낄 수 있는 세계에서 살지 못하기 때문에 마음속에 싹튼 불안한 감정의 처리나 회복이 매우 힘든 상태가 지속됩니다. 어떤 의미에서는 항상 긴장 상태로 살아가는 것이죠.

그렇기 때문에 특히 유아기에 가장 중요한 것 중 하나가 애착 형성이라고 할 수 있습니다.

유아기 ②

그저 지켜보면 아이는 안정된다

아이가 갑자기 소리 지르며 떼를 쓸 때

엄마가 어린이집에 아이를 데리러 온 상황을 떠올려 봅시다.

아이는 엄마와 함께 집에 가고 싶은 마음과 아직 더 놀고 싶은 마음이 정리가 안 돼서 소리를 지르며 떼를 쓸 때가 있습니다. 두 가지 마음을 어떻게 대응할지 몰라 아이가 패닉에 빠지는 것은 뇌 회로가 뒤섞여 있는 상태입니다.

그러므로 이런 경우에 부모가 "자, 집에 가자!"라고 말하며 아이 손을 억지로 끌어 어린이집을 나서면, 아이의 뇌에 새로운 정보를 입력하는 것이 되기 때문에 두 상황이 뒤섞여 더욱 엉망으로 꼬여 버리게 됩니다. 이럴 때는 가능한 아이에게 새로운 정보를 주지 않고 아이가 머릿속에서 그 상황을 처리하는 것을 기다려 줘야 합니다. 다시 말해 아무 말도 하지 않고 안정될 때까지 지켜보는 것입니다.

이렇게 하는 것이 결과적으로 좀 더 빠르고 쉽게 아이를 안정시킬 수 있으며, 아이는 스스로 차분해지는 감각을 배울 수 있습니다. 아이에 따라 안정되기까지 시간의 차이가 있지만, 혼란스러울 때는 정보를 줄여 주는 것이 좋습니다.

아이와 함께 규칙을 만들자

어린이집에서 하원을 할 때는 서서히 놀이를 끝내기 위한 규칙이나 놀이에서 전환하기 위한 단계 등의 루틴을 만들어 가는 것도 하나의 방법입니다. 이때의 규칙이나 단계도 아이와 함께, 아이가 실천할 수 있는 형태가 될 때까지 반복하며 찾아 가야 합니다.

부모가 생각하는 최고의 방법만 제시하면 아이는 실천할 수 없는 자신으로 인해 불안함을 느끼는 역효과를 불러올 수도 있습니다. 이 시기의 아이에게는 스스로 실천할 수 있고 자신감을 가질 수 있는 규칙이나 단계를 제시해 주는 것이 중요합니다.

아이와 함께 규칙을 만들 때는 지금 바로 결론을 내리려고 하지 말고 성장하는 아이 뇌의 움직임을 돕는다는 마음을 가져야 합니다. 즉 아이의 '행동 결과'가 아닌 약간의 '행동 변화'를 의식하여 파악한다는 마음을 가지는 것이 즐거운 육아를 위해서도 중요하겠죠.

유아기 ③

아이의 나쁜 말에 반응하지 마라

아이의 뇌 회로를 활성화시키려면

유아기 아이의 뇌 회로를 활성화시키기 위해서는 아이가 관심 있어 하는 것을 최대한 많이 찾아 주고, 좋은 것이든 나쁜 것이든 상관없이 계속 경험하게 만드는 것이 중요합니다.

그리고 부모는 아이의 뇌 회로 중에서 좋은 연결은 자극을 많이 하여 강화되도록 돕고, 나쁜 연결에 대해서는 반대로 자극을 최대한 줄이는 노력을 해야 합니다.

뇌 회로의 '강화'와 '단절'이라고 하면 왠지 어렵게 느껴질 수 있습니다. 그렇다면 이런 장면을 떠올려 보면 어떨까요?

예를 들어, 아이가 "엄마(또는 아빠), 오늘 좋은 일이 있었어. 들어 봐!"라며 말을 걸어옵니다. 그런데 저녁 식사 준비로 바쁜 부모는 "미안, 지금 바쁘니까 나중에 들을게"라며 아이의 말을 들어 주지 않습니다. 어떻게든 지금 당장 귀 기울여 주길 바라는 아이는 몇 번이고 같은 말을 반복하지만, 그래도 원하는 바가 이뤄지지 않자, "말 안 할 거야. 너무해!"라며 소란을 피웁니다. 그러면 부모가 "너, 그게 무슨 말이야!"라고 말하며 언제나처럼 언짢은 장면이 연출됩니다.

여기서 한 가지 주목해야 하는 것이 있습니다.

바빠서 아이의 이야기를 들어 주지 못한 부모가, 아이가 화를 냈을 때는 그 말을 분명하게 듣고 "너, 그게 무슨 말이야!"라며 반응을 했습니다. 이것은 결과적으로 아이가 부정적인 감정을 말로 표현했을 때 그 말을 들은 것이 됩니다. 다시 말해 뇌 회로의 나쁜 연결에 자극을 줘서 강화시키는 꼴이 되는 것입니다. 이 경우에는 처음에 아이의 이야기를 들어 주지 않았다고 하더라도 아이가 나쁜 말을 했을 때 반응해서는 안 됩니다.

그리고 나쁜 말을 멈췄을 때, 그만둔 것에 대해 살짝 칭찬해 주는 것이 좋습니다. '왜 칭찬해야 되지?'라고 생각할지 모르지만, 그것은 나쁜 연결을 차단하기 위해서입니다. 아이가 나쁜 말을 할 때 자극을 주지 않고 나쁜 말을 '그만둔' 행위에 자극을 주면 좋은 연결을 강화하는 데 효과적이기 때문입니다(이와 관련해서는 뒤에서 자세하게 설명하겠습니다).

'아이의 뇌는 성장한다'라는 마음

아직 미숙한 뇌의 아이는 개구쟁이에 장난을 좋아하고 특이한 것에 관심을 기울이는 경향이 있습니다. 게다가 부모의 상상을 훨씬 뛰어넘는 훌륭한 발상을 많이 합니다. 부모가 보기에는 좋지 않게 느껴지는 것도 아이의 뇌는 다르게 받아들이기 때문에 흥미진진한 일이 될 수 있습니다.

아이는 반드시 부모가 기뻐하는 행동만 하는 것은 아닙니다. 하지만 이것이 아이의 뇌 발달에는 매우 중요합니다.

'지금 우리 아이의 뇌가 엄청난 기세로 성장하고 있구나'라는 마음으로 지켜봐 주시길 바랍니다. 그러면 불만스러운 마음이 아니라 기대에 찬 두근거리는 마음으로 바라볼 수 있을 것입니다.

이때 부모의 적절한 스트레스 처리 습관이 도움이 됩니다. 자신의 생각과 다른 아이의 독특한 생각을 받아들이기 위해서는 부모의 시야를 넓히는 것이 중요합니다(스트레스에 대한 자세한 내용은 뒤에서 설명하겠습니다).

학령기 ①

실패는 인생을 살아갈 힘을 키운다

학령기, 뇌 성장의 기반을 닦는 가장 중요한 시기

학령기는 아이가 흥미나 열정을 가진 학습이나 운동, 놀이 등을 충분히 즐길 수 있는 환경을 만들어 주는 것이 중요합니다.

왜냐하면 이 시기는 아이의 뇌 성장을 촉진하는 기반을 만드는 데 있어 대단히 결정적이기 때문이죠. 지식을 늘리는 것이나 한 가지 일에 전력을 다해 힘을 쏟기보다는 아이가 관심 있어 하는 일을 충분히 즐길 수 있도록 해 주고, 여러 가지에 흥미를 가질 수 있는 환경을 만들어 주세요. 그러한 경험 축적이 자신에 대한 '깨달음의 싹'을 기를 수 있는 원동력이 될 것입니다.

실패를 통해 비로소 알게 되는 것

부모는 아이의 바로 앞을 염려하여 당장 넘어지지 않게 하는 지팡이를 내밀기 쉽지만, 그러면 아이가 '자신이 할 수 있는 일'과 '자신이 할 수 없는 일'을 제대로 파악하기 힘들어집니다. 실패를 통해서 알게 되는 것도 많습니다. 아이는 실패를 통해 자신의 능력을 객관적으로 알 수 있는 기회를 얻습니다.

즉 '하지 못하는 자신'을 포함한 '있는 그대로의 자신'을 받아들이는 것으로 아이는 비로소 자신의 힘으로 살아갈 수 있는 출발선에 서게 되는 것입니다. '하지 못하는 자신'을 받아들일 수 있게 된 아이의 의식은 타인이 아닌 자신을 향하게 됩니다. 타인과의 상대평가가 아니라 자신에 대한 흥미를 갖게 되는 것이죠. 그리고 '하지 못하는 것'에 관해서도 적극적으로 주변 사람들에게 물을 수 있습니다. 또한 '지금 하지 못하는 것'도 나쁘다고 받아들이지 않고, '내가 하고 싶은 목표'로 바꾸는 것과 같이 큰 꿈을 가질 수 있게 됩니다.

이처럼 뇌 성장 기반을 확실하게 만들 수 있게 된 아이는 나답게 사는 것에 자부심을 갖게 되며, 스스로에 대한 만족감도 커질 수 있습니다.

아이가 자기 힘으로 인생을 살아가기 위해서는 아이를 믿고 지켜보는 부모의 마음이 중요합니다. 그 마음은 지금 눈앞에 있는 아이가 '자신에게 관심을 쏟아부을 수 있는지' 아니면 '타인의 눈을 너무 의식해서 자기 인식에 소홀하지는 않는지'를 살펴보는 마음입니다. 이러한 마음이 결국 아이와 부모 모두가 행복한 육아를 가능하게 합니다.

10

학령기 ②

있는 그대로 내 아이를 사랑하라

학령기의 중요한 과제

학령기 후반이 되면 뇌의 각 부위에서 뉴런과 시냅스의 네트워크가 급격하게 증식합니다. 그리고 사춘기에 들어가면 시냅스의 가지치기가 진행되어 기능적으로 보다 성숙한 뇌로 성장합니다.

안정감에 영향을 미치는 애착이 확실하게 형성되어 있는지, 스트레스에 대한 내성이 제대로 갖춰져 있는지 등이 사춘기 전까지의 중요한 과제입니다.

강한 스트레스 상태일 때는 뇌의 해마 기능이 떨어지기 때문에 기억 형성에도 방해가 됩니다. 이는 경험을 통해 실패나 성공을 배울 수 없어 같은 실수를 반복하게 되는 이유이기도 하죠. 또한 애착이 형성되어 있지 않은 아이는 인간으로서 살아가기 위한 근원적인 문제로 인해 힘든 시간을 보내게 됩니다.

안정감이 학령기 뇌 성장의 근원이 된다

그러므로 사춘기에 맞춰 뇌를 자율적으로 성장시키기 위해서는 학령기에도 유아기의 목표였던 안정감을 기르는 것이 중요합니다. 그리고 사춘기 전인 이 시기에 다시 응석을 부리는 행동으로 안정감을 확인하려는 아이의 행동을 제대로 받아 주는 과정도 필요합니다.

앞서 말했듯, 학령기는 아이가 흥미를 가지고 열심히 하고자 하는 마음에 맞춘 대응이 필요합니다. 이 시기는 지식보다도 '깨달음의 싹'을 키워 나가는 시기이기도 합니다. 그 과정에서 자신을 인식하고 그것이 자기평가를 높이는 것과 연결됩니다.

있는 그대로의 자신을 받아들임으로써 아이는 처음으로 시작점에 서게 됩니다. 그 결과 아이는 '나는 이것으로 충분하다'

라고 생각할 수 있고, 나아가 안정감이 마음속에 가득 차게 되는 것이죠. 가장 중요한 것은, 부모가 먼저 아이를 있는 그대로 이해해 주고 사랑해 주어야 아이가 자신을 인정하고 안정감을 느낄 수 있다는 사실을 잊지 말기 바랍니다.

학령기 ③

부족한 부모가 돼야 하는 이유

아이가 스스로 깨달을 수 있도록 부모는 조력자가 돼야 한다

사춘기 전까지 부모가 아이에게 가르쳐야 하는 것은 '있는 그대로 자신을 수용하기' 이외에도 중요한 것이 있습니다. 그것은 바로 '나는 무엇을 할 수 없는지'가 아니라, '얼마나 할 수 있는지'를 깨닫게 하는 것입니다.

이러한 경험을 위해서 부모는 어떤 일에 있어 결과가 아닌, 결과에 이르기까지의 과정에서 아이가 겪은 변화를 깨우쳐 줘야 합니다. 이 의식은 뇌 회로를 긍정적인 방향으로 촉진하여 스스로에 대한 평가가 높아지는 것과도 연결됩니다.

빈틈이 없는 부모는 아이가 말을 걸기 힘들다

그렇다면 부모는 어떻게 아이를 깨닫게 할 수 있을까요?

그것은 바로 '스스로 획득했다'라는 감각을 갖게 하는 것, 즉 아이에게 성취감을 느끼게 하는 것입니다. 그러기 위해서 부모는 조력자가 되어야 합니다. 조력자라고 하면 왠지 어두운 곳에서 지켜보며 전면에 나서지 않는 이미지가 있어서 부모로서 올바른 모습인가 싶기도 하겠지만, 육아에 있어서 주체는 어디까지나 아이입니다. 아이가 스스로 깨달은 경험을 쌓기 위해서는 부모가 너무 전면에 나서면 안 됩니다. 부모가 서포트를 하고 있다는 것을 아이가 알지 못하도록 '부족한 부모' 정도가 적당합니다.

게다가 부족한 부모인 편이 아이도 안심하고 자기 주도적으로 모든 것을 행할 수 있습니다. 아이가 안정감을 갖는 데 '완벽한 부모'는 오히려 방해가 됩니다. 훌륭하고 존경할 만한 부모는 아무리 상냥하게 보여도 아이는 쉽게 말을 걸지 못합니다.

왜냐하면 아이는 부족한 자신이 훌륭한 부모의 마음을 아프게 할지도 모른다는 생각을 하기 때문입니다. 그래서 아이를 위해 조금은 부족한 부모가 되어야 하는 것이죠. 다만 부족한 것에도 정도가 있기 때문에 적당한 정도로만 빈틈을 보이는 것이 좋습니다.

부족한 부모 곁에는 어느새 성장한 아이가 있다

당시 초등학교 5학년이었던 딸과의 해외여행 중에 있었던 일을 이야기해 보겠습니다.

저는 몸 상태가 좋지 않아서 아침부터 멍한 상태였습니다. 그로 인해 여행지에서 가고 싶은 가게를 표시해 놓은 지도를 잃어버리고 말았습니다. 그래서 어쩔 수 없이 간판만 보고 딸과 둘이서 목적지 가게를 찾아야 했습니다. 그런데 그 나라는 프랑스어권의 섬이어서 간단한 영어조차 통하지 않아, 간판을 봐도 어떤 가게인지 도통 알 수가 없었습니다.

2~3시간 동안 사방팔방을 돌아다녔지만 목적지는 찾을 수 없었고, 그래서 조심스럽게 근처에 있는 사람에게 물었습니다. 그러나 역시나 상대는 프랑스어로만 소통이 가능해 말이 전혀

통하지 않았습니다. 여러 사람에게 몇 번이고 물은 끝에 겨우 프랑스어와 영어 모두를 할 줄 아는 사람을 만나 목적지 가게를 안내받을 수 있었습니다.

그렇게 드디어 그 가게에 도착했을 때, 가게 주인은 이렇게 말했습니다.

"지금부터 휴식 시간이라 3시간 후에 다시 와 주세요."

어렵게 찾아서 도착했기에, 저는 다시 이렇게 물었습니다.

"잠깐이라도 구경하면 안 될까요?"

하지만 애초에 그런 말이 통하지 않는 곳이었습니다. 오랜 시간 쉬지 않고 걸었기에 분명 딸도 실망이 크리라 생각해 쭈뼛거리며 아이의 얼굴을 살폈습니다. 그러자 아이는 밝게 웃으며 이렇게 말했습니다.

"가게가 어딘지도 알았으니까 나중에 다시 오면 되겠네. 지도는 잃어버렸지만, 덕분에 저렇게 좋은 분을 만나서 길 안내도 받고, 아빠도 즐거웠지? 재미있는 이야기도 나눌 수 있었으니까."

멍하니 주위를 보면서 졸랑졸랑 따라만 다닌다고 생각했던 딸이 이런 마음으로 저를 보고 있었다는 게 놀라웠습니다. 부주의로 중요한 지도를 잃어버려, 딸에게 미안함을 품고 있던 제 마음을 한순간에 기쁘게 한 말이었습니다.

그 이후에도 딸과의 여행은 패닉의 연속으로 목숨이 위험할

뻔한 일도 있을 정도였지만, 그때마다 딸의 의젓함에 도움을 받았습니다. 이것은 연기가 아닌 실제로 나온 부족한 부모의 모습이었지만, 아이의 성장을 느꼈던 좋은 경험이었습니다.

사춘기 ①

결국 육아의 토대는 안정감이다

사춘기 이후, 부모의 역할은 더욱 막중하다

사춘기는 아이를 지지하고 응원하는 조력자로서 부모의 존재가 더욱 중요해지는 시기입니다. 동시에 사춘기 전까지 몇 가지의 과제 달성 정도가 아이의 심성에 큰 영향을 준다고 알려져 있습니다. 아이가 사춘기에 자신의 의지로 살아가는 시작 지점에 서기 위해서는, 그 이외에 '뇌 발달의 관점'도 눈여겨봐야 합니다.

지금까지의 성장 과정이 사춘기 뇌 구조에 나타난다

먼저 사춘기에 이르기까지 중요한 포인트 중 하나는, 뇌 속 신경 회로 간 연결망이 촘촘한 상태인지, 아니면 엉성한 상태인지입니다.

다시 말해 뇌 네트워크 구축에 필요한 과제가 아직 남아 있

뇌 부위별 부피의 시간에 따른 변화

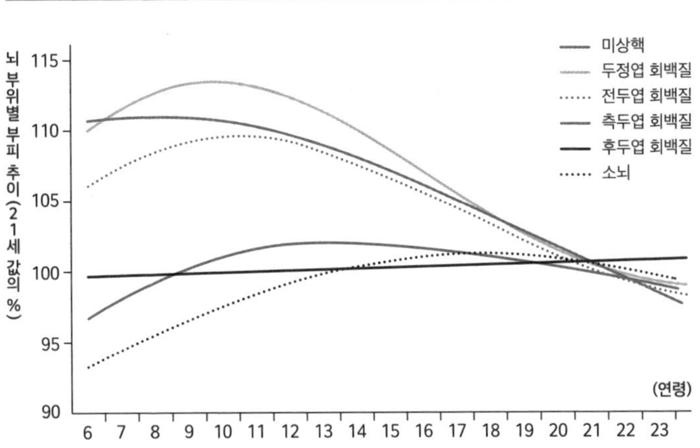

뇌의 각 부위별 회백질 영역 경시 변화 폭은 사춘기 전이 가장 크고, 이후 시냅스의 가지치기가 이루어져 변화 폭이 작아집니다.

출처: 미국 국립위생연구소NIH

는 상태인지, 아니면 자립을 위해 가지치기를 꾸준히 진행하여 정리해 나가는 단계에 있는지를 파악하는 것입니다(이와 관련하여 위 그래프를 참조하시기 바랍니다).

학령기에 칭찬을 받아 충분한 안정감을 키우고, 자기평가를 높여 온 아이는 자유로운 발상으로 새로운 세계에 도전하는 에너지를 얻을 수 있습니다. 그것은 때로는 위험하고 힘든 일일 수 있지만, 안정감의 싹이 제대로 자라고 있는 아이는 자신을 왜 소중하게 여겨야 하는지 그 의미를 제대로 이해하고 있습니다. 그렇기 때문에 자신이 감당할 수 없는 위험이 존재하는 일에는 뛰어들지 않습니다.

반대로 안정감의 싹이 자라 있지 않은 아이는 자신이 소중한 존재라는 사실을 모르기 때문에 무리한 일이나 위험한 일에 도전하기도 합니다. 그렇기에 부모는 불안한 마음을 안고 있는 아이의 존재 자체를 인정해 주면서 확실한 안정감을 느낄 수 있도록 기반을 만들어 주는 일에 에너지를 쏟아부어야 합니다.

그렇게 되면 아직 미숙한 단계인 아이 뇌의 회로를 단련할 수 있습니다. 어떤 의미에서는 결과가 나오지 않고 언뜻 보기에는 쓸모없이 보이는 일에 매진하는 모습도 사춘기 뇌의 네트워크를 확장시킨다는 관점에서는 의미 있는 일일 수 있습니다. 그러니 아이를 고치려고 하기보다 존중과 이해의 태도로 대하는 일이 중요합니다.

사춘기 ②

성숙한 뇌로 향하는 소중한 발달기

사춘기는 단순히 반항기일까?

사춘기가 다가올 시점부터 전전두엽의 '실행'에 관여하는 기능(외측부), '의사 결정'이나 '내성' 등에 관여하는 기능(안와부), '공감하는 능력'에 관여하는 기능(내측부)을 중심으로 뇌의 신경 회로가 급격하게 확장됩니다. 그와 동시에 가지치기가 활발하게 이루어지기도 합니다.

판단, 의사 결정, 계획, 기억, 학습, 집중, 억제 등에 관여하여 '뇌의 사령탑'이라고도 불리는 전전두엽이 활성화되는 사춘기는 반드시 반항기라고만 볼 수는 없습니다.

이 시기는 지금까지의 감정 이해와 기억이 종합 정리되는 때이기도 해서, 약한 시냅스는 가지치기를 당하고 강한 시냅스는 보다 강화됩니다.

다시 말해 사춘기는 아이의 뇌에 있어서 성숙을 향해 가는 커다란 발달기인 것이죠. 특히 고도의 논리적 사고와 행동 억제에 필요한 배외측 전전두엽이 크게 변화합니다.

공감 능력의 발달이 중요하다

또한 사춘기는 대인 관계 면에서 적극적으로 관여하는 영역 중 하나이기도 한 내측전전두피도 크게 활성화되는 시기이기도 합니다. 그 때문에 대단히 강한 자의식으로 생기는 스트레스 반응이 보이기도 합니다.

게다가 내측전전두피질은 대인 관계에서 중요한 감정과 연결되는 영역이기도 합니다. 그렇기 때문에 많은 연구자들은 이 영역이 손상을 입게 되면 상대의 고통에 공감하지 못하고, 도덕적 문제에 냉혹한 판단을 내리거나 무례한 태도를 보이는 등 비인도적인 행위가 행해질 위험이 있다고 추측합니다.

따라서 사춘기에는 이 영역을 성장시켜 공감할 수 있는 힘을 기를 수 있도록 하는 것이 중요합니다. 그 성장이 어른이라는 입구에 가까워지는 한 걸음이 되기 때문이지요.

14

사춘기 ③

왜 사춘기 아이는 감정 기복이 심할까?

사춘기 아이는 왜 감정 기복이 심할까?

사춘기는 측좌핵을 중심으로 한 '보상 시스템reward system(뇌의 쾌감에 관여하는 분야로, 욕구가 채워졌을 때의 기쁨이나 행복한 감정 등을 느끼게 하며 넓은 영역에 분산되어 회로를 형성한다)'이 대단히 활성화되는 때입니다.

그러나 억제나 내성에도 관여하는 안와전두피질의 성장은 역으로 아직 미숙한 상태입니다. 그 때문에 보상 시스템의 성장에 따라 욕구에 대한 충동이 커지기 쉬운 것에 비해, 안와전두

보상 시스템 관련 각 영역과 그 과정

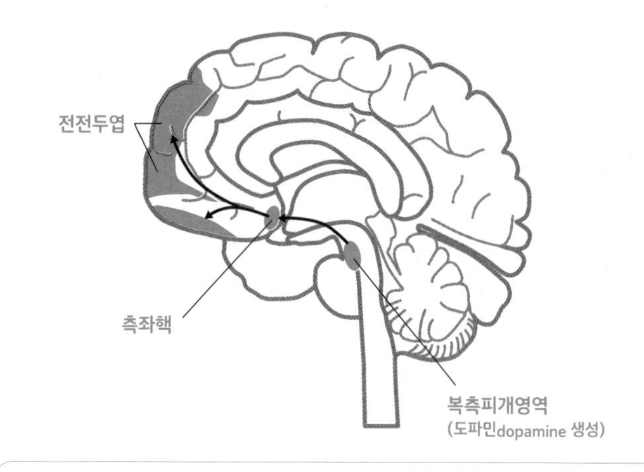

보상 시스템은 복측피개영역(중뇌의 중앙에 위치한 신경세포들의 집합)에 의한 도파민 신경계의 자극으로, 측좌핵에서 전전두엽에 대한 도파민이 방출되며 기능합니다.

피질의 성장이 더뎌 자기 억제가 힘든 불균형 상태가 됩니다.

즉 사춘기는 무언가를 하고 싶은 욕구는 커지는데, 그 욕구를 제대로 억제할 수 없어서 과장하게 되고, 그로 인해 실패할 확률은 높아지는 시기라 할 수 있습니다. 한마디로, 뇌의 여러 영역의 균형이 제대로 유지되지 않는 상태인 것이죠.

그렇기 때문에 더더욱 부모는 사춘기 아이에게 선택지는 제시하더라도 결정은 아이가 할 수 있도록 자기 결정권을 존중해야 합니다. 만약 실패하더라도 그 실패를 통해 책임에 대해 배울 수 있기 때문입니다.

이 시기 아이에게 적절한 행동을 가르치기 위해서는 미숙한 뇌에 대한 대응이 아직 필요합니다. 올바른 것을 강요하는 것이 아니라, 적절한 행동을 스스로 인식할 수 있는 환경을 부모가 제시해 주는 것이 중요합니다. 경험을 통해 본인이 직접 체감할 수 있게 하는 것이 훨씬 빨리 이해할 수 있는 길입니다.

부모에게서 자립하기 위한 준비 기간

사춘기는 '동세대 집단 안에서 가치관의 우선순위'가 중요해지는 시기입니다. 중·고등학교에서 자신이 어떠한 위치에 있는지를 자각하는 것도 그중 하나라고 할 수 있습니다. 또 부모에게 의존하던 어린 시절과 달리, 독립심이 높아지는 시기이기도 합니다. 그 때문에 사춘기 전과 비교해서 부모가 이것저것 아이의 행동을 고치려는 행위가 점점 더 어려워지는 시기이기도 하죠.

또 아이가 자신에 대해 알아 가는 것과 함께 적절한 자기 위치를 찾을 수 있게 되는 준비 기간이기도 합니다. 그렇기에 부모는 올바른 행동을 가르치는 것만이 아니라, 아이의 관점에서 미숙한 단계를 공감하고 받아들여야 합니다. 그리고 아이가 스스로 자신의 단점을 아는 것이 자기평가를 높이는 데 도움이 된다는 것을 알아야 합니다.

사춘기에는 지금까지 부모가 가지고 있던 아이의 인상이 크게 변하는 경우도 많고, 아이가 갑자기 달라진 것 같아 당황하는 경우도 많을 겁니다. 하지만 이 시기는 어떤 의미로는 부모에게서 독립하기 위한 준비 기간이라고 할 수 있습니다. 함께 사춘기를 잘 헤쳐 나가는 방법들은 뒤에서 자세히 다루겠습니다.

PART 2

아이에게 상처 주지 않는 올바른 소통법

01

부정도 긍정도 하지 않는 마법의 말

"그렇구나"라는 수용의 말

아이의 말에 부정하지 않고, 하지 않았으면 하는 말에 대해서도 부정적으로 대응하지 않기 위해서는 어떻게 말하면 좋을까요? '이럴 때는 적당한 말이 있을 리 없다'라고 생각할지도 모르지만, 사실 단 한마디면 충분합니다.

"그렇구나. 넌 그렇게 생각하는구나."

좋은 말에 대해서는 물론, 나쁜 말에도 이렇게 답하세요. 부정도 긍정도 하지 않는 이런 표현은 상대의 말을 가로막지 않는 마법의 말이라 할 수 있습니다.

아이가 '혼나지는 않을까?', '부정적인 말을 듣지는 않을까?' 라고 생각하면서도 용기를 짜내 부모에게 건넨 말은 그 아이에게는 대단히 중요한 말입니다. 다만 감정을 말로 표현하는 것이 아직 미숙한 아이는 간혹 부적절한 표현이 나오고 마는 것이죠. 이런 아이의 말에 잔소리를 하거나 토를 달 필요는 없습니다. 그저 아이의 마음을 인정해 주면 됩니다.

"사실 A를 정말 좋아하는데 오늘 같이 놀면서 장난감 가지고 싸웠어. 그러다 A한테 맞아서 내가 울었어. 그래서 오늘은 A가 싫어."

부모는 이렇게 아이가 논리 정연하게 말하길 원할 수도 있겠지만 사실 그건 불가능합니다.

만약 이와 같은 표현을 유아기 아이가 했다면 감정보다도 말의 성장이 선행된 상태이기 때문에 오히려 위험합니다. 앞에서 언급한 '어디에서나 착한 아이'가 되었을 수도 있기 때문입니다.

"사이좋게 지내야 해"라는 말은 이해할 수 없다

특히 유아기에는 아이가 제대로 이해하지도 못하는 멋진 말을 배우게 하기보다는 적절한 행동의 가짓수를 늘리는 것이 더 중요합니다. 이때, '말의 표현'과 '행동의 대응'은 나누어 생각해야 합니다.

만약 말의 표현이 미숙한 아이라면 표현 자체에 의미가 있다는 사실을 기억하세요. 표현을 통해 자신이 의도하는 것에 가까워지고 성장할 수 있기 때문입니다. 그리고 행동은 가짓수를 늘림으로써, '이렇게 해야만 한다'라는 편협한 생각에서 벗어날 수 있습니다.

그럼 아이의 말과 행동에는 어떻게 대응해야 할까요? 먼저 말에 대해서는 "넌 그렇게 생각했구나. 말해 줘서 고마워"라며 말해 준 행위 자체에 감사하세요. 그다음은 "그러면 어떻게 할지 같이 생각해 보자"라고 말해 보세요. 다만 이때 "사이좋게 지내야 해"와 같은 대단히 고상하고 막연한, 의미를 알 수 없는 말은 하지 않는 게 좋습니다.

이 표현은 생각할 수 있는 행동의 가짓수가 너무 많은 추상적인 표현이기 때문입니다. 부모는 당연한 것처럼 아이에게 "사이좋게 지내야 해"라고 말하지만, 아직 행동의 체험 범위가 넓지 않은 아이에게는 어떤 행위가 '사이좋은' 행위에 속하는지 개념이나 의미를 알 수 없습니다. 즉 무엇을 어떻게 해야 좋을지 모르는 것입니다.

그렇게 되면 뇌 회로의 연결이나 확장도 기대할 수 없습니다. 게다가 아이는 자신의 불쾌한 감정을 어떻게 처리해야 하는지 전혀 알지 못한 상태로 사이좋게 지낸다는 말을 따라야 하기 때문에 힘들 수밖에 없습니다.

"사이좋게 지내야 해"와 같은 막연한 말이 아니라, "내일은 친구 A와 함께 놀아 보면 어때?"라거나, "A에게 '때리지 말고 놀자'라고 말할 수 있겠어?"라고 구체적인 행동이 가능하도록 설명하는 게 좋습니다. 이때 중요한 것은 부모가 아이에게 가장 바람직한 방법만을 제시하는 것이 아니라, 아이 스스로 할 수 있고 허용할 수 있는 범위의 행동을 가능한 많이, 그리고 단계적으로 제시하는 것입니다.

처음에는 아이도 쉽게 대응책을 제시하지 못하지만, 이와 같은 시도를 계속하다 보면 부모의 상상을 뛰어넘는 제안을 하게 됩니다. 아이들끼리의 대화를 듣다 보면 깜짝 놀랄 훌륭한 대응책을 발견하는 일도 있습니다.

아이에게 다양한 방법들을 제시하여 상상력을 키울 수 있도록 도와주고, 최종적으로는 아이가 스스로 결정할 수 있도록 해주시기 바랍니다.

02

아이에게 정체 모를 공포감을 심어 주는 무서운 대화법

상냥한 부모 vs 무서운 부모, 어느 쪽을 믿어야 할까?

아이에게 정체를 알 수 없는 공포감을 주는 무서운 대화법이 있습니다. 그것은 바로 '더블 바인드double bind'입니다. 이는 상대에게 두 개의 모순된 메시지를 보내서 혼란스러운 상황을 만드는 의사소통 방법을 말합니다. 이것에는 내뱉는 말과 말하고 있는 표정이 모순되는 패턴과 처음에 한 말과 나중에 한 말이 모순되는 패턴이 있습니다.

더블 바인드가 만드는 세 가지 아이 유형

① 상대의 행동이나 감정을 추측하는 아이

항상 더블 바인드를 당하는 아이는 상대의 행동이나 감정만을 의식하게 됩니다. 또 무엇이 옳은지, 상대가 전달하고자 하는 것이 무엇인지 늘 신경 쓰게 됩니다. 상대의 시선이나 표정, 그리고 행동을 지나치게 의식한 나머지 언제나 추측하려는 경향을 보이기도 합니다.

게다가 자신이 어떻게 대응해야 할지 몰라서 행동 자체를 멈출 수도 있습니다. 성인이 되어서도 '상대가 원하는 것은 무엇일까?', '남들은 나를 어떻게 생각할까?'와 같이 남을 의식하고 눈치 보게 됩니다. 다시 말해서 '다른 사람의 시선'을 지나치게 의식하는 사람이 되어 버리는 것이죠.

② 자신의 기분이나 생각을 모르는 아이

상대에게 너무 맞추다가 자신의 기분이나 생각이 어떤지 모르르는 아이가 되기도 합니다. 더욱이 이렇게 생각하는 아이일수록 자신은 항상 상대의 기대에 부응하지 못하는 나쁜 존재라는 인식이 마음속에 강하게 자리 잡을 수 있습니다.

③ 상대의 말을 부정적으로만 해석하는 아이

또 상대의 말을 부정적으로만 해석한 나머지 건강한 대인 관계를 맺기도 힘들어집니다. 이는 '나는 누구인가'라는 정체성 형성에 좋지 않은 영향을 미칠 수도 있습니다.

이처럼 더블 바인드는 아이에게 부정적인 영향을 끼칩니다. 사춘기 전에 달성해야 하는 큰 과제 중 하나인 자기평가를 높이기 위해서도 이러한 대화법은 지양되어야 합니다. 다음은 더블 바인드의 두 가지 방식과 해결책에 대해 알아보도록 하겠습니다.

03

말과 표정의 모순은 부모의 진짜 모습을 알 수 없게 한다

방식 ① 말과 표정이 모순된다

앞서 언급한, 더블 바인드의 두 가지 방식에 대해 살펴보겠습니다.

첫 번째 방식은 말과 표정의 모순입니다. 말 그대로 말과 표정이 맞지 않아 아이에게 혼란을 일으키는 대화법이죠. 예를 들어, 예방 접종이 무서워 병원에서 우는 아이를 달래는 어느 아빠의 모습을 상상해 보세요. 아빠는 분명 마음 한구석에서 이렇게 생각하고 있을 것입니다.

'예방 접종은 무슨 일이 있어도 해야 하는데 우리 애는 왜 항상 이렇게 난리를 치는 걸까?'

'다른 아이들도 예방 접종을 기다리고 있어서 우리 애가 이렇게 시간을 끌면 모두에게 민폐일 텐데 어떻게 해야 하지?'

실제로 이렇게 생각해서 난감했던 경험을 가진 부모가 꽤 있을 것이라 생각합니다. 예방 접종은 필수이지만 가능하면 아이를 납득시켜서 접종하게 하고 싶다는 생각으로 열심히 선택지를 제시했던 경험은 없나요? 울고 있는 아이를 향해 생글생글 웃으며 상냥한 표정으로 이렇게 말하며 말입니다.

"예방 접종을 해서 병에 안 걸리는 것과 예방 접종을 안 해서 병에 걸려 입원하는 것, 둘 중에 뭐가 좋아? 입원하기는 싫지? 그럼 예방 접종을 해 볼까?

그러나 이렇게 '생글생글 웃는 표정'과 '(아이에게 있어) 싫은 말'이라는 모순된 언동은 아이에게는 공포이자, 불안을 높이는 행동일 뿐입니다. 패닉에 빠진 아이에게는 아무리 올바른 이유를 설명해도 자극으로밖에 받아들이지 않습니다.

이처럼 말과 표정이 모순되는 상황을 접한 아이는 불안감을 처리하기가 더욱 힘들어집니다. 심지어 평소에는 안정의 근원이었던 아빠가 상냥한 표정으로 말한다면, 아이는 상냥한 지금의 모습이 진짜인지, 싫어하는 예방 접종을 강요하는 모습이 진짜인지 혼란스러울 수밖에 없습니다. 이것이 아이에게 있어 더블 바인드의 공포인 것이죠.

사전에 규칙을 정해 놓아라

그렇다면 어떻게 해야 할까요? 위와 같은 상황의 경우, 예방 접종과 같이 아이가 싫어하는 일에는 말로 자극하기보다 사전에 정해 놓은 규칙에 따라 재빠르게 행동하는 것이 해결책입니다.

사전에 규칙을 구체적으로 정해서 시각적인 시뮬레이션을 해 보세요. 아이가 "싫어!"라며 날뛸 때, 부모는 "아무 말 하지 않고 이렇게 꼭 안아 줄게"와 같은 적절한 말을 미리 연습해야 합니다. 여기서는 정해진 규칙에 따라 행동하는 경험을 쌓는 것이 중요합니다. 아무리 규칙을 정해 놓았다 하더라도 실제로 예방 접종을 하러 가자고 권유하면 아이는 소리를 지르고 울지도 모릅니다.

하지만 싫어하는 예방 접종을 하러 간다는 사실을 가능한 한 알려야 합니다. 싫어도 해야 하는 것을 반복하는 것, 즉 예상되는 행동의 반복에 의해 안정감을 느끼는 내성이 길러지기 때문입니다. 언젠가 아이는 그렇게 싫어하던 예방 접종을 울지 않고 끝마칠 수 있게 된 자신을 의식하게 될 것입니다.

한편 아이와의 약속을 너무 믿은 나머지, 아이가 규칙을 지키지 않을 때 "참고 예방 접종하기로 했잖아?"라며 무작정 혼내는 것은 금물입니다. 실제로 실패했을 때의 대응을 정해 놓지 않는다면, 결과적으로 아이와 부모 모두 힘들어지고 맙니다.

그러니 아이의 미숙한 뇌에 대응하기 위해서는 '반드시 할 수 있을 것 같아서 약속한 것'과 '할 수 없을 때의 대응'까지 포함해 사전에 약속해 두는 것이 좋습니다.

말과 말의 모순은 아이를 혼란스럽게 한다

방식 ② 처음에 한 말과 나중에 한 말이 모순된다

이어서 더블 바인드의 두 번째 방식을 살펴보겠습니다. 그것은 바로 말과 말의 모순입니다. 이는 일상생활에서 흔히 볼 수 있는 패턴입니다. 그러나 의외로 부모는 전혀 의식하지 못하는 경우가 많습니다.

예를 들어, 유치원 발표회가 있어서 아침에 집을 나서기 전에 엄마와 아이가 준비하는 모습을 상상해 보세요. 나가기 전까지 30분 정도 시간이 있다고 합시다. 이때 엄마는 준비하느라 정신이 없어서 아이에게 이렇게 말합니다.

"30분 후에 나갈 거니까 그때까지 하고 싶은 거 하면서 놀고 있어."

그러자 아이의 "네"라는 답이 들려옵니다. 엄마는 외출 준비가 끝난 후, 아이를 부르러 갔다가 깜짝 놀랍니다. 베란다에서 물장난을 신나게 하고 있는 아이의 모습을 발견했기 때문이죠. 정성스럽게 입혀 놓은 옷은 이미 흠뻑 젖은 상태입니다. 당연히 엄마는 당혹해하며 소리를 지릅니다.

"뭐 하는 거야! 왜 물장난을 하고 있어! 옷이 그렇게 젖으면 발표회 못 가잖아!"

엄마의 화난 표정에 아이는 "그럼 나 발표회 안 가!"라고 울면서 말합니다. 그러자 엄마는 "그럼 안 돼. 빨리 옷 갈아입고 나갈 준비하자! 안 그러면 발표회에 늦어"라며 좀 전과 달리 목소리 톤을 낮춰 아이에게 말합니다. 그 순간, 아이는 소리를 질러 대며 드러눕습니다. 언제나처럼 난장판이 되고 맙니다.

아이가 혼란스러울 수밖에 없는 이유

이 상황에서는 무엇이 문제였을까요? 답은 몇 가지 더블 바인드에 해당하는 표현이 아이를 혼란스럽게 만들었다는 것입니다.

먼저 "하고 싶은 거 하면서 놀고 있어"라는 말과 "뭐 하는 거야! 왜 물장난을 하고 있어!"라는 말의 모순입니다. 아이 입장에서는 엄마의 말을 듣고 제일 좋아하는 물장난을 하고 있었는데 야단을 맞는 모순에 부딪히게 됩니다. 특히 유아기 아이에게는 구체적으로 어떤 놀이를 할 것인지 지시하지 않으면 예상 밖의 행동을 할 수 있습니다. (덧붙이자면 이 시기 아이의 놀이는 자유도가 있는 편이 좋습니다.)

물론 조용한 놀이를 원하는 엄마의 의도에 맞춰 노는 아이도 있겠지만, 그렇게 부모의 의도대로만 움직이는 너무 착한 아이도 그리 바람직하지는 않습니다.

그다음에는 엄마가 "발표회 못 가잖아!"라고 말하자, 아이가 안 간다고 대답했습니다. 그리고 엄마가 "그럼 안 돼. 빨리 옷 갈아입고 나갈 준비하자"라고 아이를 달래는 상황이죠. 이 말에서도 아이는 발표회에 못 간다는 말을 들었기 때문에 안 간다고 답한 것인데, 엄마는 빨리 준비하자며 모순된 말을 합니다.

아이도 부모도 원하지 않는 결과가 되는 것은 피하자

'지금은 일단 발표회에 가야 한다'와 같은 말을 선택할 수밖에 없는 엄마의 심정도 이해가 갑니다. 다만 아이가 소리를 지르며 떼를 쓰는 상황만은 부모라면 누구나 피하고 싶을 것입니다. 그렇다면 이렇게 말해 보는 건 어떨까요?

"재밌게 놀았구나. 그럼 엄마랑 같이 정리하고 옷 갈아입은 다음에 출발할까?"

아무리 급하더라도 다음에 해야 할 행동으로 이어지는 말을 해야 아이가 혼란스러워하지 않습니다. 바쁠수록 돌아가야 하는 것이지요.

아이가 하던 놀이를 좀처럼 그만두려 하지 않을 수도 있지만, 놀이를 멈추면 "고마워. 자, 그럼 엄마랑 같이 정리하자"라고 말해 주세요. 그러면 놀이를 멈춘 것이 잘한 일이라는 것을 아이가 의식할 수 있고, 그다음 행동으로도 자연스럽게 이어질 수 있습니다.

그러나 말이 쉽지, 현실은 만만치 않습니다. 마음의 여유가 없으면 그런 대응은 매우 힘듭니다. 때로는 포기할지도 모르고, 화를 낼 수도 있습니다. 그래도 괜찮습니다. 그럴 때는 나중에 아이에게 화를 낸 것에 대해 제대로 사과하면 됩니다. 아이는 그런 부모를 분명 용서해 줄 것입니다.

아이에게 지시할 때 두 가지 주의점

아이와의 의사소통에서 중요한 것은 '일관성'

아이에게 지시할 때는 아이의 눈높이에 맞춰 단계적으로 '적절한 행동'을 의식하는 것이 중요합니다. 아이의 성장 단계에 맞지 않는 지시는 아이에게 전달되지 않으며, 행동으로도 이어지지 않기 때문입니다. 이와 관련하여 아이에게 지시할 때 주의할 점 두 가지를 알아보도록 하겠습니다.

첫 번째는 앞서 말했듯, 지시도 마찬가지로 말과 표정 그리고 말과 말이 일치되도록 의식해야 한다는 것입니다. 그래야만 아이가 안정감을 느낄 수 있습니다. 입으로는 "아빠(혹은 엄마) 화 안 났어"라고 말하면서 큰소리로 지시를 내리면, 아이의 머릿속에서는 지시 내용이 입력되지 않습니다. 지시 내용보다도 부모의 화로부터 피하는 것에 집중하기 때문입니다. 부모는 일시적인 감정에 휩쓸려 화내지 않도록 자신의 감정을 한 번 재정비한 후 아이에게 지시를 내려야 합니다.

아직 미숙한 뇌를 가진 아이는 부모가 지시하면 자꾸만 웃거나, 다른 것에 눈이 팔려 집중을 못 하는 등 부모의 신경을 거슬리는 행동을 할 수 있습니다. 그러나 그것은 진심이 아니니 반응하지 않도록 주의해야 합니다.

나쁜 행동을 했을 때, 사과는 필수

지시를 내릴 때는 아이에게 모순된 메시지를 전달하지 않았는지 돌아보는 습관을 가져야 하지만, 그럼에도 모순된 메시지를 전달하는 경우가 일상생활에서 빈번하게 일어납니다. 두 번째는 앞서 말했듯 그럴 때 중요한 것이 바로, 모순된 행동을 했을 때 아이에게 사과하는 태도입니다. 이는 항상 긴장감을 늦추지 않고 실수하지 않도록 하는 것보다 더 중요합니다. 자기도 모르게 감정적으로 대응했을 때도 조금 안정된 다음에 아이에게 제대로 사과를 하면 됩니다.

그러면 아이는 부모가 생각하는 것보다 훨씬 너른 마음으로 용서해 줄 것입니다. 그리고 아이도 '엄마 아빠도 틀릴 때가 있구나'라고 생각하며 안심을 하게 되고, 그런 부모를 신뢰하게 됩니다. 그 순간에 당신은 아이가 가지고 있는 허용력의 크기를 느끼게 될 것입니다.

06

핀란드 부모는 화가 날 때 숲의 소리를 들으러 간다

평온함의 비결은 숲에 있다

앞서 언급했듯, 아이와의 적절한 의사소통을 위해서는 부모의 감정을 조절하는 것이 필수입니다. 화를 내거나 짜증을 내며 말하는 것은 가장 부적절한 대화법 중 하나이기 때문입니다. 이와 관련해서 핀란드에서 겪은 한 이야기를 들려 드리겠습니다.

아빠가 핀란드인이고 엄마가 일본인인 부부와 이야기할 기회가 있었습니다. 아빠가 너무 평온하고 상냥해서 '어떻게 하면 저렇게 상냥할 수 있을까'라는 의문이 생겨 엄마에게 이런 질문을 한 적이 있습니다.

"아버님은 언제나 저렇게 평온하세요? 화를 낼 때는 없나요?"

부부 모두 평온한 마음을 가질 수 있으면 그것은 서로를 위해서는 물론 아이를 위해서도 최고입니다. 그러나 여러 부부를 만났고, 또 제 경험도 포함하여 부부 모두가 평온한 것은 현실적으로 상당히 난도가 높은 것이라고 생각합니다. 그래서 이 부부를 통해 조금이라도 힌트를 얻을 수 있으면 좋겠다는 마음과 화를 안 낼 리는 없다는 조금 심술궂은 마음으로 질문을 했습니다. 그러나 엄마는 답을 하는 대신, 역으로 아빠에게 이런 질문을 던졌습니다.

"그러네. 그러고 보니 당신이 화내는 걸 본 적이 없네. 그런데 화날 것 같은 일은 몇 번인가 있었지? 그럴 때는 어딘가 나갔다 오면 다시 평온해져 있었잖아. 도대체 어디서 무엇을 하고 돌아오는 거야?"

생글생글 웃고 있던 아빠는 이렇게 대답했습니다.

"숲에 다녀와."

아빠의 말에 의하면 마음이 어지러워질 때 숲의 소리를 들으러 나간다고 했습니다. 그러면 어지럽던 마음이 서서히 차분해져 냉정을 찾을 수 있었다고 합니다.

숲의 소리는 인간을 치유해 주는 효과가 있다

그의 이야기를 듣고 저는 충격을 받았습니다. 이러한 방법은 과학적으로도 정말 합리적이었기 때문이었습니다. 가청음(사람의 귀로 들을 수 있는 소리)을 들으면서 동시에 귀로 들을 수 없는 초고주파 음을 몸으로 느끼면, 신체적·정신적으로 영향을 받게 되는데, 이를 '극초음속 효과Hypersonic effect'라고 합니다. 즉 보상계와 자율신경계가 동시에 활성화되는 상태가 만들어지는 것이죠. 초고주파 음은 도시에서는 들을 수 없지만 열대우림 지역의 숲속에서는 들을 수 있다고 알려져 있습니다. 이 주파수대의 음은 일반 숲에서도 발생하는 음입니다. 아빠는 어릴 적부터 습관적으로 이런 체험을 반복해 화난 태도를 보이지 않았던 것이지요. 핀란드 사람 중에는 자연스럽게 이러한 생활 습관을 가지고 있는 사람이 많다고 합니다.

이렇듯 아이에게 화풀이하려 할 때, 화를 풀 수 있는 방안을 만들어 놓아야 합니다. 그래야 부모는 화풀이로 인한 죄책감을 느끼지 않을 수 있고, 아이도 불필요한 상처를 받지 않을 수 있겠죠.

07

유아기 ①

포옹과 눈 맞춤은 아이의 의욕을 높인다

'의욕 스위치'는 존재할까?

"의욕 스위치, 네 것은 어디에 있는 걸까~"

이는 일본의 텔레비전 광고에서 나오는 노래의 일부입니다. 그런데 이쯤에서 아마 궁금할 것입니다. '의욕 스위치'가 진짜 있는 걸까요? 아니면 가짜일까요? 실제로 의욕 스위치는 분명하게 존재합니다. 그러면 어디에 있을까요? 그것은 바로 기쁨, 쾌락과 같은 보상과 관련된 정보를 처리하는 측좌핵이라는 곳에 있습니다.

의욕 스위치 관련 뇌 구조

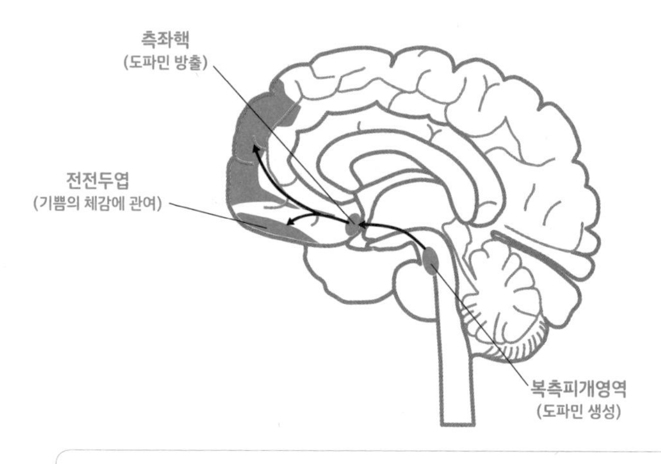

보상 시스템의 경로는 복측피개영역에서 시작됩니다. 측좌핵에서 도파민의 방출이 일어나고, 여기서 보상 회로가 전전두엽을 향해 흐릅니다.

측좌핵이라는 스위치를 누르면 엄청난 일이 발생합니다. 즉 신경전달물질인 도파민을 분비시켜 보상이나 강화와 같은 자극에 의해 활성화되는 뇌의 보상 시스템을 움직이는 것이죠. 이런 과정을 통해 의욕이 샘솟게 됩니다.

영유아 시기에는 의욕 스위치를 누르기 쉬운 방법이 많이 숨겨져 있습니다. 또 의욕 스위치가 있어도 빡빡해서 누르기 어려운 것보다 쉽게 누를 수 있는 부드러운 것이 훨씬 좋습니다.

의욕 스위치를 켜는 두 가지 방법

그것을 위해서는 보상 시스템에서 핵심적인 역할을 하는 보상 회로reward pathways를 쉽게 활성화되도록 하면 됩니다. 구체적으로 어떻게 하면 좋을까요? 보상 회로를 활성화시킬 때는 그 사이에 물질을 흡수하는 '수용체'가 필요합니다. 수용체가 많으면 그 회로는 쉽게 연결되기 때문입니다. 유아기 아이에 대한 안아주기나 눈 맞춤과 같은 행위는 통증을 완화하고 보상 회로를 활성화하는 '뮤-오피오이드μ-opioid 수용체'라는 물질을 늘려 준다는 것으로 알려져 있습니다.

결국, 눈을 많이 마주치고 많이 안아 주면 이 시기 아이의 뇌를 발달시켜서 나중에 의욕 스위치를 켜는 효과까지 기대할 수 있다는 것입니다.

예전에는 아이에게 안는 버릇이 생기면 힘들기 때문에 삼가야 한다고 했던 때가 있었습니다. 그러나 그것은 제2차 세계대전 이후 미국의 사회적 분위기와 같은 것으로, 이후 미국에서도 이런 인식이 대부분 사라졌습니다. 그런데 그것이 아시아의 몇몇 국가에서 그대로 남아 좋지 않은 관습으로 이어져 오고 있는 것이지요.

다만 스마트폰으로 게임을 하면서 안아 주는 것은 하지 말아 주세요. 눈앞에 있는 아이와 눈을 맞추면서 안아 주는 것이 나중에 아이에게 큰 재산이 됩니다.

유아기 ②

아빠도 할 수 있는 아이 울음을 그치게 하는 법

엄마가 힘들 때, 아빠는 어떻게 해야 할까?

갓 태어난 아이는 우는 것이 일입니다. 여러 가지 상황 때문에, 또는 전혀 의미 없이 울기도 합니다. 이 시기에 엄마가 육아를 전담하는 경우, 엄마는 출산 후 겪게 되는 여러 건강 문제와 수면 주기가 확립되지 않은 아이로 인해 매우 힘든 시기를 보냅니다.

엄마는 점차 아이가 울면 이성적으로 행동하기가 힘들어집니다. 하루하루가 전쟁 같고, 어제의 경험을 오늘 활용할 수 없는 새로운 일의 연속처럼 느끼기도 합니다. 그래서 아빠도 아이를 안아 주거나 기저귀를 갈아 주는 등 함께 육아를 해야 합니다.

그러나 울고 있는 아이는 우유를 먹이려 해도 먹지 않고, 기저귀를 갈아 주고 달래 보아도 울음을 그치지 않는 일이 다반사입니다. 이미 할 수 있는 일을 다 한 아빠는 더 이상 어떻게 할 수가 없어 아이를 엄마에게 부탁합니다. 뾰족한 방법이 없는 것은 마찬가지라 아이를 넘겨받은 엄마도 기분이 언짢습니다. 이러면 아빠는 아이와 엄마 모두에게 부정당한 꼴이 되어, 쓸모없어진 듯한 기분이 들고 집안에서의 자신의 위치도 애매해져서 주눅이 들 수도 있습니다.

"쉬" 하면 뚝 하고 그친다

이럴 때 아빠를 구할 방법은 없을까요?

이 시기의 아이는 아직 엄마 배 속에 있을 때의 기억이 남아 있습니다. 이를 잘 활용하면 아빠는 한순간에 영웅이 될 수 있습니다. 그것은 바로 미국의 소아과 의사 하비 카프Harvey Karp 박사가 고안한 '쉬Shushing'라는 방법입니다.

아이는 엄마 배 속에 있을 때 안정된 심장 소리를 들으며 안심하고 잠이 드는데요. 엄마의 심장 소리와 유사한 소리를 들려주면 아이는 안정되어 울음을 그칠 수 있습니다. 실행 방법으로는 아이 얼굴을 심장 쪽으로 하여 옆으로 안은 다음, 왼손으로 아이의 뒷목과 등을 제대로 받쳐 주고, 오른손으로는 몸 전체를 크게 감싸 안습니다. 그러고 나서, 아이의 눈을 분명하게 쳐다보며 귀 근처에서 조금 큰 소리로 "쉬"라고 반복해서 말합니다. 그러면 그렇게 울던 아이가 뚝 하고 울음을 그치고, 어리둥절하고 놀란 표정으로 아빠 쪽을 바라볼 것입니다.

그리고 잠깐 있다가 편안한 모습으로 잠이 들 것입니다. 아빠는 목소리를 서서히 줄여 가면서 계속 "쉬"라고 말하기를 반복합니다. 한번 시험해 보시길 바랍니다. 서럽게 울던 아이가 울음을 뚝 그치기 때문에 아빠의 뿌듯함이 쑥 하고 올라갈 것입니다. 육아를 전담하지 않는 아빠는 육아를 도와주고 싶어도 무엇을 해야 좋을지 몰라 자신감이 떨어지고, 결과적으로 아이와 거리가 멀어져 버리는 일도 있습니다. 저는 병원에 오는 아빠

들에게 살짝 이 방법을 알려 줍니다. 이 방법을 통해 아빠들이 자신 있는 미소를 되찾길 바랍니다.

엄마가 아니면 울어 버리는 아이라면

1세 전후의 아이에게는 엄마 이외의 사람이 가까이 가면 울어 버리는 '낯가림'이라는 행동이 있습니다. 이 시기의 아이는 우는 행동을 통해 불안한 감정을 회복·처리하는 과정을 경험하면서 안전한 사람은 누구인지 애착의 대상을 확인해 갑니다.

하지만 아빠는 다가가기만 하면 아이가 울어 버려서 조금 섭섭한 마음이 들 수도 있습니다. '아빠는 싫어하네, 역시 엄마구나'라고 생각하며 마음이 찢어지는 시기일지도 모르지만 안심하시기 바랍니다.

억지로 꼭 안거나 강제적으로 행동하지만 않으면 아이와의 안전한 거리가 점점 넓어져서 아이 쪽에서 서서히 아빠에게 다가와 줄 것입니다. 그다음에 아이는 애착의 대상인 엄마에게서 잠깐 멀어졌다가 돌아오는 식으로 조금씩 거리를 두면서 안전한 거리감을 넓혀 갈 것입니다.

이처럼 아이의 불안한 마음을 껴안아 주면서도 거리감을 넓혀 가는 과정에서 가장 중요한 것은, 아무 말도 하지 않고 지켜봐 주는 것입니다. 거리감을 확보하면서 인위적인 접근은 피하고 그저 지켜보는 것이 중요합니다.

유아기 ③

흑백논리는 육아에 독이다

육아는 ○, ×로 판단할 수 없다

아이가 3세쯤 되면 기억과 학습에 관여하는 해마의 기능이 성장함에 따라 지금까지와는 달리 규칙을 잘 지킬 수 있게 됩니다. 다시 말해 장기 기억이 성장하기 때문에 기억을 담당하는 해마에 저장할 수 있게 되는 것이죠.

이 단계에서도 아이의 관점에 맞춰 관계를 맺어 가면 긍정적인 방향으로 뇌 회로가 좀 더 쉽게 연결됩니다. 이때 중요한 것은 아이의 말은 귀담아들어야 하지만, 아이에게 좋고 나쁜 것을 따지지 않고 원하는 요청을 모두 다 들어주는 행동은 금물입니다. 아이에게 휘둘리지 않아야 부모와 아이 모두에게 도움이 됩니다.

아이가 유치원에 가려 하지 않는다면

예를 들어, 아침에 아이가 유치원에 가기 싫다며 떼를 쓴다고 해 봅시다.

그럴 때 부모는 "안 가면 안 돼"라고 하거나, 또는 "오늘은 유치원에 가지 말고 어디 재미있는 곳에 놀러 갈까?"와 같이 둘 중 어느 한쪽으로 말하는 경우가 많습니다.

이처럼 아이의 말을 너무 믿고 몰입해서 갑자기 '흑 아니면 백'이라는 발상이 튀어나오지 않도록 주의해야 합니다. 완벽한 의사 표현을 하지 못하는 아이를 부모가 너무 앞질러 가 버리면 아이는 부모를 자신의 일부라고 생각하여 통제하려 할 수 있습니다.

'아이와 함께 할 수 있는 행동을 생각하는 것'과 '아이의 말을 너무 믿고 몰입해서 아이에게 통제당하는 것(아무것도 생각하지 않고 아이가 예상하는 생각과 행동을 수용해 버리는 것)'은 완전히 다릅니다.

또 결과적으로는 어느 한쪽을 결정하는 것이지만 ○ 또는 × 와 같이 양극단으로 치닫는 것이 아닌, 단계적인 제안을 하는 것이 뇌 회로를 활성화시키는 데 대단히 중요합니다.

예를 들어, 먼저 유치원에 가기 싫어하는 아이에게 왜 가기 싫은지 이유를 묻는 것입니다. 그다음, 부모가 납득 가능한 이유를 제시한다면 아이의 말을 들어주어도 좋지만, 과연 타당한 이유인지에 대해 아이와 함께 생각해 보는 시간을 가지는 것도 좋습니다.

만약 아이가 아무 이유 없이 유치원에 가고 싶어 하지 않는다면, 평소보다 천천히 등교 준비를 시키거나 아이가 좋아하는 음식을 아침으로 먹는 등 함께 해결할 수 있는 방법을 찾아야겠지요.

10

유아기 ④

문제 해결력을 타고난 아이들

아이에게도 '스스로 해결하는 힘'이 있다

유아기 아이를 이해하기 위해서는 앞서 말했듯, '미숙한 단계를 인정하는 마음'을 갖는 것이 도움이 됩니다. 이와 관련하여 한 이야기를 들려 드리겠습니다.

A의 유치원 입학식 모습을 비디오로 봤을 때 깜짝 놀랐던 적이 있습니다. A를 포함한 세 명의 아이가 옆으로 나란히 앉아서 재미있게 얘기하고 있었습니다. 그런데 가운데에 앉아 있던 A의 양옆의

아이들이 무슨 이유에서인지 말다툼을 하더니 급기야는 싸움을 하기 시작했습니다. 사이에 끼인 A는 당황한 표정으로 양옆에 앉은 아이들을 번갈아 쳐다보며 금방이라도 울 듯했습니다. 그런데 주위에 있던 보호자가 말을 걸려고 하는 순간 상황이 급변했습니다. 갑자기 A가 왼쪽에 앉은 여자아이 앞으로 자신의 얼굴을 들이밀고는 활짝 웃는 얼굴로 웃음 공격을 날렸습니다. 웃음 공격을 받은 아이는 처음에는 멍한 모습이었다가 금세 "풋" 하며 웃는 얼굴이 되었습니다. 그러자 A는 반대쪽 아이에게 얼굴을 가까이 대고 또다시 활짝 웃는 얼굴로 웃음 공격을 날렸습니다. 이번에는 단번에 박장대소였습니다. 그 후 세 명의 아이는 어깨동무를 하고 싱글벙글 웃었습니다.

이 이야기를 읽고 무슨 생각이 드시나요?

저는 A의 대처를 보고 정말 대단하다고 생각할 수밖에 없었습니다. 왜냐하면 어른이라면 생각하기 힘든 순수한 아이 특유의 해결 방법이었기 때문입니다.

아이의 관점을 믿고 기다려 주자

아이는 긍정적인 감정과 행복감, 안정감을 느끼게 하는 신경 전달물질인 세로토닌 분비가 높아서 부모보다 쉽게 스스로를 치유하는 능력을 가지고 있습니다. 그런데 부모는 아이에게 문제가 있으면 자신들의 가치관으로 해결해 주려 합니다. 이런 행위는 아직 미숙한 뇌를 가진 아이에게 오히려 독입니다. 아이가 스스로 문제를 해결할 기회를 뺏는 것일 뿐만 아니라, 문제 해결력의 발달도 더디게 만들게 때문이지요. 그렇기에 부모의 관점으로 아이의 세계를 판단하고, 너무 깊이 관여하면 아이의 뇌 발달에 마이너스가 됩니다.

여기서 중요한 것은 아이의 관점을 믿고 기다리는 일입니다. 아이에게 맡기는 것이 뇌 발달을 도와 아이의 문제 해결력을 키워 주는 일입니다.

11

학령기 ①

아이의 말에 옳고 그름을 따지지 마라

아이의 말은 그냥 들으면 된다

아이의 말은 어떻게 들어 줘야 할까요? 학령기 아이와의 대화에서 중요한 것은 아이가 자유롭게 얘기할 수 있는 환경을 만들어 주는 것입니다. 그것이 아이에게는 부모가 자신의 이야기를 제대로 들어 주고 있다는 기쁨으로 이어집니다.

다만 (사춘기 이후에도 해당하지만) 아직 미숙 뇌 단계인 아이의 말을 들을 때는 다음과 같은 세 가지 사항에 주의해야 합니다.

아이의 말을 들을 때 세 가지 주의점

① 아이의 말은 들어 줘야 하지만 너무 곧이곧대로 믿지 말아라

미숙 뇌 단계의 아이는 상황을 제대로 이해하는 능력이 떨어지기 때문에 객관적이고 정확하게 상황을 판단하기 힘듭니다. 따라서 하나하나 아이의 말에 반응하고 대응하려고 해서는 안 됩니다. 예를 들어, 바로 대응해야 할 것 같은 상황이라도 일단 다각적으로 정보를 수집하여 객관적으로 파악한 후 대처해야 합니다.

② 아이의 말은 거짓이든 진실이든 괜찮다는 생각을 가져라

아이의 말을 들을 때 부모에게 가장 중요한 것은 실망하지 않고 들어 주는 것입니다. 아이가 필요한 것은 자신의 이야기를 들어 주는 체험입니다. 그러니 설령 부모가 이미 알고 있는 것이라도 모르는 척하며 들어 주세요. 부모는 아이가 말할 때 그 내용이 거짓인지 진실인지 확인하며 듣기 쉽습니다. 그러나 아이가 편하게 말할 수 있도록 하기 위해서는 그 말이 거짓인지 진실인지는 신경 쓰지 말고 끝까지 경청해야 합니다. 그래야만 아이가 말을 통해 전달하는 법과 누군가의 말을 듣는 법을 배울 수 있게 됩니다.

③ 말해 줘서 정말 고맙다고 말하라

부모들은 흔히 "화내지 않을 테니 뭐든지 말해"라고 아이에게 말합니다. 그러나 그렇게 말하면서도 내용에 따라서 화를 내곤 합니다. 그런 부모의 모순에 평상시 노출되면 아이는 무의식적으로 방어하면서 말을 하게 됩니다. 어떤 말이라도 아이 나름대로 열심히 얘기한 것에 대해서는 "말해 줘서 정말 고마워"라고 표현해야 합니다. 그러면 아이는 '내 말을 들어 줬다'라는 좋은 경험을 쌓을 수 있으니까요.

학령기 ②

부모의 경청은 아이의 입을 열게 한다

부모의 '듣는 기술'이 중요한 이유

아이가 자신이 생각한 것을 솔직하게 말할 수 있도록 하기 위해서는 부모에게도 '듣는 기술'이 필요합니다.

앞에서 말했듯, 아이의 말은 일단 그 내용이 거짓이든 확실하게 잘못된 것이든 끝까지 들어야 합니다. 더욱이 문맥 속에서 거짓인지, 상황을 이해하지 못해서 거짓인지, 의식적인 거짓인지는 마지막까지 들어 보지 않으면 알 수가 없습니다. 그렇기 때문에 부모는 듣는 기술을 익혀야 합니다.

그래서 소개하는 것이 미국 콜로라도주에 위치한 에버그린 심리치료 센터Evergreen Psychotherapy Center의 공동 소장인 테리 M. 레비Terry M. Levy와 마이클 올렌스Michael Orlans로부터 이론을, 그리고 도쿄복지대학교 명예교수 헤네시 스미코에게 실천에 대해서 가르침을 받은 'ACTAttachment Communication Training'라는 방법입니다.

이는 가족 또는 연인 간 더욱 건강한 관계 형성을 돕기 위해 개발된 의사소통 모델을 말합니다. 구체적인 실행법으로는 '의견 공유-경청-다시 말하기-피드백-역으로 말하기-결과 토론'의 6단계를 따르는 것으로 알려져 있습니다. 이 방법의 이점으로는 효과적인 의사소통 방식을 배울 수 있다는 것과 건강한 정서 환경을 조성할 수 있다는 것입니다. 즉 아이가 자신의 말을 누군가 들어 주는 체험을 통해 '적절한 표현 방식'이나 '대화를 위한 적절한 규칙'을 배울 수 있는 방법인 것이죠.

원래 ACT는 학대를 당한 아동과 부모의 애착을 심화시키는 의사소통 트레이닝 방법이기도 한데, 저는 보통 아이들에게도 매우 유효한 방법이라고 생각합니다. 일본에서 부모 자녀 간의 대화는 일반적으로 부모의 입장에서 생각하는 일방통행이 대부분이어서 아이의 관점이 충분히 반영되지 못합니다. 그래서 ACT는 아이와의 의사소통이 서툰 부모님이나 아이들을 직접

대하는 일이 많은 교육 분야의 선생님들을 대상으로 스터디 그룹을 통해 월 1회 소개하고 있는 방법이기도 합니다.

아이가 편하게 말할 수 있는 분위기를 만들어 주어라

의사소통이 능숙하지 못한 아이 중에는 '전달하고 싶은 것'과 '실제 표현'에 괴리가 생기는 경우가 많습니다(이것은 어른도 마찬가지일 것입니다). 또 뇌의 성숙 단계에 맞는 자기표현 방법을 익히지 못했기 때문에 적절하게 의견을 전하는 기술이 부족한 경우도 있습니다.

적절한 의사소통 능력을 기르기 위해서는 표현 방법이 풍부해야 합니다. 하지만 표현 방법이 풍부하다고 해서 반드시 이 능력이 길러지는 것은 아닙니다.

그러니, 자신이 전달하고 싶은 것을 적절하게 표현하기 위해서는 미숙한 표현 단계를 거쳐, 계속해서 의사소통 능력을 갈고닦아야 합니다. 이 과정에서 아이가 말을 편하게 할 수 있는 가정 내 분위기를 부모가 만들어 주는 것이 중요하겠죠.

실제로 아이는 안심하고 말할 수 있는 분위기가 만들어지면 더 많은 말을 합니다. 다만 일상생활에서 '그저 듣는다'라는 규칙에 맞춰 대화를 하기는 쉽지 않습니다. 그래서 부모는 아이의 말을 진심으로 경청해 주고, 맞장구를 쳐 주는 등 의식적인 실천이 필요합니다. 이러한 경험이 쌓이면 아이와 부모의 관계는 이전과는 확연히 달라질 것입니다. 전하고 싶은 것을 적절하게 전달할 수 있다는 기쁨은 아이에게 무엇과도 바꿀 수 없는 매우 소중한 것임을 부모들도 분명 느끼게 될 것입니다.

사춘기 ①

경청하는 아이로 키우려면

그저 들어 주는 것만으로도 좋다

어떤 아이는 상대가 아무런 말을 하지 않고 그저 자신의 이야기를 들어 주는 것만으로도 기쁨을 느끼기도 합니다. 이야기를 들어 주면 아이는 '자신이 전달하고 싶은 것'과 '자신이 말하고 있는 것'의 차이를 느끼게 됩니다. 이러한 경험이 반복되면 아이의 의사소통 능력은 급격하게 높아집니다.

앞서 설명한 ACT 방법의 정석은 아니더라도, 부모가 경청만 잘 연습한다면 사춘기 아이와의 대화가 한층 쉬워지는 강력한 무기를 갖게 될 수 있습니다.

아이의 이야기를 듣기 쉬운 세 가지 타이밍

다만 아무리 아이의 이야기에 귀를 기울여도 지금까지 자신의 이야기를 누군가 끝까지 들어 줬던 경험이 없는 아이는 자신의 속내를 쉽게 꺼내기 힘듭니다. 부모가 아닌 다른 어른이라고 해도 관계성이 형성되어 있지 않으면 대화 자체가 어려워집니다.

그렇기 때문에 부모가 듣고 싶을 때 듣는 것이 아니라, 아이가 자신의 이야기를 꺼낼 때를 기다려야 합니다.

아이가 자기 이야기를 털어놓고 싶은 타이밍에는 몇 가지가 있습니다. 실제로 저는 관계성이 형성되지 않은 아이와 이야기를 나눌 때 다음과 같은 타이밍을 의식합니다.

① 트러블이 있을 때

트러블이 생기면 아이에게도 하고 싶은 말이 있기 때문에 이야기를 들어 줄 수 있는 기회가 됩니다. 그때 부모가 답을 제시하려고 하는 것이 아닌, 아이의 이야기를 제대로 듣는 자세를 가져야 합니다.

② 분노와 같은 감정을 드러내거나 폭언을 할 때

이 경우는 아이가 이야기하는 내용 자체가 진심일 확률은 높지 않습니다. 아이는 감정에 맡겨 말을 하고 있을 뿐 자신이 진짜 전하고 싶은 것은 따로 있을 때가 많습니다. 특히 사춘기 아이의 경우, 경청을 통해 정말로 전달하고 싶은 것을 우연히 들을 수 있습니다.

③ 부모가 아이가 좋아하는 것에 흥미를 가질 때

게임이나 만화 등 아이가 좋아하는 것에 흥미를 가지고 함께 하는 것도 이야기를 들을 수 있는 기회입니다. 실제로 저는 50권 이상이 되는 만화를 읽고 나서 아이와의 대화가 훨씬 많아졌던 경험이 있습니다. 그런 노력을 통해 부모도 흥미를 갖게 되기 때문에 아이에게 여러 가지를 배우게 되고 자연스럽게 대화도 늘어날 수 있습니다.

경청은 대인 관계까지 이어진다

누군가 자신의 이야기를 들어 주는 경험을 한 아이에게는 부모의 이야기를 듣는 환경도 만들어 주어야 합니다. 그러면 아이가 대화의 규칙을 이해하는 데 도움이 될 것입니다.

이런 경험을 한 아이는 다음 단계로 아이들끼리 올바른 의사소통법을 익히게 할 수 있습니다. 이는 형제나 자매, 친구들과 약간의 다툼을 했을 때에도 유효합니다. 싸움을 했을 때 상대의 이야기를 일방적으로 듣는 경험은 어른의 경우에도 거의 없을 것입니다.

그러나 상대의 이야기를 가만히 들어 보면 예상하지 못한 감정이 드러나거나, 상대의 진의를 접하거나, 자기도 몰랐던 감정을 발견하게 되는 경우가 많습니다. 실제로 싸움을 했던 아이들끼리 상대의 이야기를 제대로 듣게 했더니 서로에게 가졌던 분노의 감정이 사라진 경우도 있었습니다.

이런 과정을 통해 아이는 경청하는 습관을 가진 어른으로 성장할 수 있습니다. 이는 어른이 되었을 때의 원만한 대인 관계를 위해서도 정말 중요하겠죠.

경청을 실천한 결과와 그 후의 이야기

저는 제 아이들이 초등학생 시절 싸움을 했을 때도 경청을 실천했습니다.

그때는 제가 조력자로서 두 아이의 대화를 서포트했는데, 상대가 말하는 내용을 흘려듣지 않고 제대로 듣게 해 두 아이는 상대의 기분이나 생각을 좀 더 쉽게 이해할 수 있게 되었습니다. 그 결과, 아이들은 경청의 힘을 깨닫게 되었고, 자연스레 싸움 횟수도 서서히 줄어들었죠.

제 아이들도 이 효과를 실감했는데, 그것을 증명하는 에피소드가 하나 있습니다. 저와 아내가 약간의 말다툼을 했을 때의 일입니다. 아이들이 기회를 놓치지 않고, "아빠도 엄마의 말을 들어 주고 화해해요"라고 말했습니다. 언제나 제가 아이들에게 말했던 것이 설마 이런 상황에서 돌아올 줄은 몰랐습니다. 결국, 저는 아내의 불평을 한없이 들어야만 했습니다.

부부 사이에 경청으로 인한 화해는 조력자와 같은 중재자의 존재가 없으면 실천하기 힘든 경우도 있습니다. 다만 저는 아내와 이런 과정을 여러 번 경험한 덕분에 사춘기 아이의 격한 분노의 감정에도 동요하지 않고 묵묵히 아이의 말을 들을 수 있었던 게 아닌가 생각합니다.

상대의 이야기를 제대로 의식하고 듣는다는 것은 서로를 충분히 이해한다는 의미에서도 정말 중요합니다. 상대의 이야기를 들으려는 태도를 취하지 않으면 이해의 가능성은 완전히 닫혀 버리기 때문입니다.

경청에서 이해가 시작되고 이해에서 인정으로 나아갈 수 있습니다. 이러한 경청의 중요성을 꼭 기억하시길 바랍니다.

사춘기 ②

부모가 실천해야 아이도 실천한다

아이의 말을 그저 수용해 주어라

다시 말하지만, 자신의 이야기를 누군가 들어 준다는 즐거움을 느껴 본 아이는 다른 사람의 이야기를 들어 주거나 기다릴 줄 알게 됩니다. 아이가 부모의 말을 들어 주길 바란다면 부모가 먼저 제대로 아이의 말을 들어 주어야 합니다. 어떤 말이라도 부정하거나 실망스러워하지 않고 수용하는 부모의 존재는 아이에게 대단히 크고 소중합니다. 도중에 무언가 얘기하고 싶은 게 있더라도 말하고 있는 아이의 마음을 생각해 잠깐만 꾹 참아야 합니다. 부모가 실망하는 모습을 보이면 아이는 미안한 마음이 들어 다시는 스스로 말을 하지 않게 됩니다.

부모의 경청은 안정감과 신뢰감을 준다

가령 자신의 잘못에 관한 이야기인데도 부모가 화를 내거나 싫은 기색을 보이지 않고 들어 주면, 모든 시기에 가장 중요한 안정감이 좀 더 쉽게 형성됩니다. 그리고 '뭐든지 얘기해도 된다'라는 신뢰감도 함께 커집니다.

그저 들어 주는 것만으로 충분합니다. 아이의 말에 답 같은 건 필요 없습니다. 자신의 느낌이나 생각을 표현하는 것이 힘든 아이라면, 그 아이의 속도에 맞춰 기다려 주는 게 필요합니다. 그러면 아이는 '엄마 아빠가 언제라도 내 얘기를 들어 준다'라는 믿음이 생기게 되고, 부모의 말을 주의력을 가지고 들을 줄 알게 됩니다. 이런 과정에서 결국은 자기 생각을 말로 표현할 수 있는 아이로 자라게 되는 것이지요.

지금부터라도, 부모가 먼저 경청을 실천하시기 바랍니다. 경청은 그 자체만으로도 아이에게는 더없이 좋은 보물입니다.

PART 3

칭찬·무시·
벌칙을 활용한
효과적인
훈육 기술

01

무턱대고 칭찬하는 것은 좋지 않다

칭찬의 최고 타이밍은 '예상 밖'과 '바라고 있을 때'

사춘기 아이에게는 부모가 훈육을 통해 능동적으로 다가가기보다는 아이를 인정하는 것이 가장 중요하기 때문에, 이 장에서 소개하는 칭찬·무시·벌칙을 활용한 훈육법은 유아기·학령기 아이가 주 대상입니다.

먼저, 칭찬에 대해 생각해 봅시다. 칭찬이라는 행위는 그것만으로 무엇이든 해결되는 마법이 아닙니다. 칭찬이라는 행위가 마법이 되도록 하기 위해서는 '예상 밖의 타이밍'과 '바라고 있는 타이밍'이라는 효과적인 순간을 기억해야 합니다.

아이가 무언가 좋은 행동을 했을 때 칭찬을 해도 그것이 당연한 것으로 인식되면 아무런 효과를 기대할 수 없습니다. 칭찬을 받았는데 반대로 기분이 좋지 않았던 경험이 여러분에게도 있을 것입니다. 자신의 성의 없는 행동에 대해서 과도한 칭찬을 받으면 비꼬는 것 같아서 기분이 좋지 않겠죠. '정말로 그렇게 생각해?'라며 상대의 의도를 의심하는 일도 생깁니다.

이런 칭찬법은 뇌 발달에 아무런 영향을 주지 못합니다. 어떤 말을 들어도 괜찮다고 생각하거나 칭찬을 받을 것이라고 예측하고 있는 일은 오히려 역효과를 낳을 수 있습니다.

뇌 발달에 긍정적인 영향을 주기 위해서는 어떠한 전기적 자극을 넘을 필요가 있습니다. 즉 깜짝 놀랄 만한 마음의 움직임이 있어야 하는 것이지요.

"우리 아이는 칭찬할 만한 것이 없는데…."

칭찬이라는 주제가 나오면 대부분의 부모가 흔히 하는 말이 있습니다.

"우리 아이는 맨날 속만 썩여서 정말로 칭찬할 게 없어요."

이런 말을 들으면 저는 금세 마음이 두근거립니다. 왜냐하면 이런 아이일수록 칭찬할 만한 일이 너무 많기 때문입니다. 혹시 칭찬이라는 행위를 오해하고 있지는 않나요? 무언가 잘했을 때 주는 대가라고 생각하고 있지는 않나요?

예를 들어, 아이가 무언가 잘못을 했다고 합시다. 그때 부모가 흔히 하는 말은 아이에게는 잔소리이자 설교입니다. 당신의 이야기를 듣는 아이의 입장을 한번 생각해 보세요. 설교를 들을 때 열심히 듣는 척을 하지만 머리에는 전혀 들어오지 않았던 경험을 대부분이 했을 것입니다. 그런 힘든 경험을 끝없이 당하면 뇌의 부정적인 회로의 연결이 강화됩니다.

그렇다면 아이에게 나쁜 행동을 하면 안 된다고 말하기 위해서는 설교처럼 아이를 가르치려 하거나 때로는 비난하는 것 이외에 어떤 방법이 있을까요?

아직 뇌가 미숙한 아이를 비난하지 않고 나쁜 행동을 그만두게 하는 효과적인 방법이 있습니다. 그것은 바로 '예상 밖의 타이밍'에 칭찬하는 것입니다. 이는 뇌에 최고의 선물을 주는 방법입니다.

'예상 밖의 타이밍'은 아이가 어떤 일을 잘했을 때만이 아니라, 잘못된 행동이 변했을 때나 항상 나쁜 행동을 하는 아이가 우연히 나쁜 행동을 하지 않았을 때도 해당합니다. 예상하지 못했을 때 칭찬을 받으면 아이는 깜짝 놀랍니다. 아이도 자신이 나쁜 행동을 했다는 것을 느끼고 있기 때문에 왜 칭찬을 받는지 알지 못합니다. 이때 아이의 어리둥절한 표정을 저는 놓치지 않습니다. 이 순간이 긍정적인 뇌 회로가 연결되는 기회이기 때문입니다.

예를 들어 화가 많은 아이가 평소와 달리 빨리 차분해졌을 경우, "대단하네! 예전에는 30분이나 화를 냈는데 오늘은 20분만에 화를 가라앉혔네. 훌륭해!"라고 말하며 아이에게 자신의 나쁜 행동이 멈춘 사실을 의식하게 만들어 보세요.

그러면 아이는 자신의 나쁜 행위를 의식하기보다는, 자신이 나쁜 행위를 멈춘 것에 집중하게 됩니다. 이러한 일이 반복되면 아이가 나쁜 행동을 하는 시간도 서서히 줄어들게 됩니다. 더욱이 자신의 행동에 대한 지속적인 비난으로 생긴 부정적인 자기 인식 회로도 확장을 멈추게 됩니다.

또 아이가 평소 같으면 했을 나쁜 행동을 우연히 하지 않았을 때도 칭찬할 기회라 할 수 있습니다. 이때도 아이는 칭찬을 받으면 처음에는 이게 무슨 일인지 당황할 것입니다. 이것이 바로 기회입니다. 앞의 경우에서처럼 칭찬을 받으면 나쁜 행동을 하지 않는 쪽으로 의식이 연결되기 때문이죠.

특히 평소에 나쁜 행동을 자주 해서 부모에게 비난을 받던 아이에게 이러한 칭찬은 최고의 선물이 됩니다.

'듣는 척'도 괜찮다

아이가 칭찬받고 싶어서 먼저 나서서 이야기를 시작할 때도 있습니다. 이럴 때는 아이에게 있어 자신이 하고 싶은 이야기가 우선순위에 있기 때문에 아이의 얼굴을 보고 묵묵히 이야기를 들어 주어야 합니다.

쓸데없는 추임새는 필요 없습니다. 그리고 이야기가 끝나면 마음껏 칭찬해 주세요. 다른 사람의 이야기를 듣는 것이 힘든 부모는 듣는 척만 해도 괜찮습니다.

다만 즐거운 생각을 머릿속에 떠올려서 행복한 감정으로 들어 주면 그 효과가 올라갑니다. 아이에게도 그 감정이 전달되기 때문입니다.

하지만 부모라고 해서 항상 성인군자일 필요는 없습니다. 중요한 것은 아이의 뇌가 성장하도록 대응하는 것으로, 부모의 감정을 죽여 가면서까지 듣고 싶지 않은 이야기를 들으라는 것은 아닙니다. 아무리 부모라도 힘든 것은 힘들기 때문에 자신이 할 수 있는 범위 내에서 대응하여 결과적으로 서로에게 좋은 영향을 주는 것이 중요합니다.

어떤 상황이 '예상 밖의 칭찬 타이밍'일까?

칭찬은 큰 변화를 부르는 기회다

앞에서 말했듯, '하지 않았으면 하는 행동'을 지속하지 않고 멈췄을 때와 '하지 않았으면 하는 행동'을 우연히 하지 않았을 때는 '예상 밖'이라는 의미에서 칭찬할 수 있는 최고의 기회입니다.

칭찬을 받으면 아이는 '왜? 내가 어떤 칭찬받을 일을 했지?'라고 스스로 생각하게 됩니다. 평소에 칭찬받을 만한 행동을 하지 않은 아이라도 사실은 칭찬할 타이밍이 아주 많습니다. 즉

이는 칭찬을 통해 큰 변화를 기대할 수 있는 기회가 아주 많다는 뜻이기도 합니다.

그러면 구체적으로 이와 관련된 내용을 살펴보도록 하겠습니다.

예상 밖의 세 가지 칭찬 타이밍

① 약속을 지켰을 때

아이가 약속을 지키는 것을 부모는 당연하게 생각할지 모르지만, 약속을 지킨 아이에게는 큰 의미를 가집니다. 그렇기 때문에 이 순간에는 반드시 "약속을 지켜 줘서 고마워"라고 칭찬을 하는 것이 좋습니다.

② '했으면 하는 행동'을 아이 나름대로 열심히 했을 때

부모가 생각한 대로는 되지 않았어도 '했으면 하는 행동'을 아이 나름대로 열심히 했다고 생각되면 일단은 칭찬해야 합니다. 아이는 긴 문장을 이해하기 어렵기 때문에 대화의 앞부분에 구체적이고 정확하게 말해야 합니다. 신경 쓰이는 게 있다면 그 후에 천천히 말해도 됩니다.

③ 새로운 것에 도전했을 때

새로운 것에 도전했을 때 칭찬하는 것은 아이에게 결과만을 지나치게 의식하지 않도록 하기 위해서라도 중요합니다. 결과만을 너무 중시하는 아이는 결과를 내지 못하는 것을 두려워하기 때문에 일상을 즐기지 못합니다.

또 실패를 두려워하는 아이는 애초에 새로운 것에 도전하지도 못합니다. 아이가 새로운 것을 만들어 내는 힘을 키우기 위해서라도, 실패를 두려워하지 않고 새로운 것에 도전한 사실 자체를 우선은 칭찬합시다.

이처럼 '예상 밖의 칭찬 타이밍'을 고려해 칭찬해 주도록 합시다. 칭찬은 아이의 긍정적인 변화를 불러일으키는 가장 좋은 계기라는 것을 잊지 않기 바랍니다.

칭찬의 효과를 최대로 끌어올리려면

'그냥' 칭찬하지 말라

칭찬은 하는 것도 중요하지만 주의해야 할 부분도 분명 있습니다. 여기서는 칭찬할 때 주의해야 할 두 가지 사항에 대해 알아보도록 하겠습니다.

① 인격이나 감정이 아닌 구체적인 행동을 칭찬하라

예를 들어, "착하네"가 아닌 "그릇을 가져다줘서 고마워"와 같이 인격이나 감정이 아니라 '구체적인 행동'을 칭찬하는 게 좋습니다. 행동을 구체적으로 칭찬해 줘야 아이는 정확히 알아들을 수 있습니다.

사례를 하나 들자면, 어떤 엄마가 물건을 많이 들고 있어서 아이에게 "미안한데 좀 도와줄래?"라고 도움을 요청했다고 합니다. 그랬더니 아이는 싫은 기색을 보이면서도 물건을 옮겨 줬습니다. 엄마는 그런 아이에게 "물건을 옮겨 줘서 고마워. 엄청 도움이 됐어"라고 말했습니다. 이때 아이의 구체적인 행동과 함께 고마운 마음도 간략하게 더해 칭찬했습니다.

칭찬을 받을 때 아이는 아무 말이 없었지만, 며칠 후에 같은 상황에서 싫은 기색 없이 바로 와서 "내가 들어 줄게. 엄마 혼자서 힘드니까"라고 조금은 의기양양하게 말했다고 합니다.

아이의 마음이 겉으로는 표현되지 않았지만 칭찬의 말이 아이에게 분명하게 전달되었음을 알 수 있는 장면입니다. 짧고 굵게 진심을 담아 칭찬한다면 아이는 이렇게 자신의 고마움을 표현할 것입니다.

② 다른 사람과 비교하는 칭찬은 하지 마라

예를 들어 "100점 맞았구나. 정말 대단해. 형 못지않게 열심히 했네"와 같은 칭찬을 하면, 아이는 '100점을 맞지 않으면 안 되는구나'라고 생각하며 결과만 의식하거나 자신보다 잘하는 형을 의식하게 될 수 있습니다. 결국 100점을 맞아 칭찬받은 자신에 대해서는 집중하지 못하게 되는 것이죠. 그러니 아이에게 칭찬할 때는 아이에게만 온전히 집중해 주시기 바랍니다.

말과 표정 이상으로 중요한 것은 마음이다

칭찬하는 태도는 구체적으로 다음 두 가지가 중요합니다.

- (유아기 아이의 경우) 자세를 조금 낮춰서 눈을 맞추고 칭찬해야 한다
- 아이와의 물리적인 거리를 의식하여 너무 가까이 가지 않도록 한다

"그것 봐, 잘됐잖아. 엄마(혹은 아빠)가 말한 대로 했으니까 이렇게 된 거야"와 같은 칭찬을 받으면 아이는 칭찬을 받은 건지, 지적을 받은 건지 애매하게 생각할 수밖에 없습니다.

말이나 표정도 중요하지만 그 이상으로 마음도 중요합니다. 마음속에서 우러나오는 칭찬을 하면 그 마음이 아이에게 쉽게 전달됩니다.

04

좋은 훈육에 무시는 필수다

무시란 반응하지 않고 기다리는 '육아의 기술'

아이에게 칭찬할 때 꼭 기억해야 할 것이 있습니다. 그것은 바로 아이의 행동이 '했으면 하는 것'이라면 칭찬해 주고, 아이의 행동이 '하지 않았으면 하는 것'인 경우는 일단 무시로 대응하는 것입니다.

'저는 귀여운 제 아이를 무시하는 것은 너무 가혹해서 할 수 없어요'라고 생각하는 분도 있을지 모릅니다. 그러나 안심하셔도 됩니다. 여기서 말하는 무시란 상대하지 않고 방치한다는 의미가 아닙니다. 기억해 두었으면 하는 것은 무시는 '기다림'이며, 아이가 '하지 않았으면 하는 행동'이 변하는 커다란 계기라는 것입니다.

무시란 결과적으로 아이의 행동에 대한 부정적인 뇌 회로를 차단하고 칭찬하기까지의 과정에서 필요한 기술입니다. 다시 말해 2보 전진을 위한 1보 후퇴와 같은 육아 기술이라 할 수 있지요.

아이의 행동이 격해지면 효과가 있다는 증거다

무시를 당하면 아이는 주목을 받으려고 행동의 빈도나 강도를 높입니다. 즉 일시적으로 '하지 않았으면 하는 행동'이 더욱 세지는 것이지요. 다만 이것은 나쁜 것이 아니라, 좋은 조짐임을 기억하시기 바랍니다. 행동이 격해지면 무시가 효과를 거두고 있다는 증거이기 때문입니다.

중간에 포기하지 말고 그대로 철저하게 무시하세요. 아이의 '하지 않았으면 하는 행동'이 줄어들 때까지는 계속해서 무시해야 합니다. 절대 꺾이면 안 됩니다. 어중간하게 무시를 하다 멈추면, 아이에게는 자신의 격해진 행동이 먹혔다는 잘못된 신호

무시를 통한 아이의 행동 변화

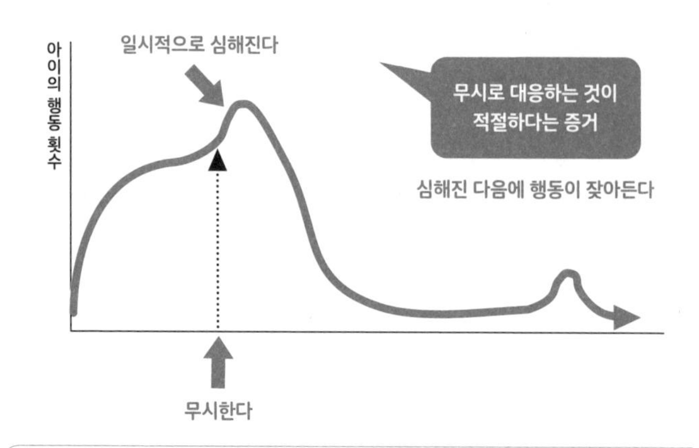

아이의 주목 행동은 무시하면 이처럼 일시적으로 심해집니다. 그러나 자신의 행동이 주목받지 못하면 행동하는 의미를 잃게 되어 행동이 잦아듭니다.

가 될 수 있습니다.

게다가 아이는 '이 정도 격하게 행동하면 무시를 멈추는구나'라는 잘못된 학습을 하게 되어 다음부터는 훨씬 더 격한 행동을 할지도 모릅니다. 어중간한 대응은 역효과를 불러올 뿐입니다. 잘못하면 상황을 개선하기 위해서 했던 무시가 '하지 않았으면 하는 행동'을 오히려 부추기는 결과를 낳을 수 있습니다.

그러니 무시를 할 때는 각오를 단단히 하고 무슨 일이 있어도 끝까지 해낸다는 자세가 중요합니다.

예전에 어떤 분이 자신이 아이에게 했던 무시 경험을 말해 준 적이 있습니다.

제 아이는 애니메이션 영화에 푹 빠져서 약속한 시간을 잊어버린 채 계속해서 영화를 보고 있었어요. 제가 "이제 잘 시간이니까 내일 마저 보자"라고 말했지만, 아이는 전혀 움직일 기미가 없었죠. 저는 "약속했으니까 TV는 이제 그만 끄자"라며 TV 전원을 껐습니다. 그러자 아이는 화가 나서 소리를 지르기 시작했어요. 아이가 너무 심하게 소리를 지르고 바닥을 쿵쿵거리며 뛰고 떼를 써서, 저는 다른 집에서 혹시 아이를 학대한다고 신고하지 않을까 걱정할 정도였어요. 평상시 같으면 다른 집 눈치가 보여서라도 다시 TV를 켜 줬을 텐데 그날은 꾹 참고 무시했어요. 그 후, 아이는 결국 포기하고 1시간 정도 난리를 친 다음 겨우 진정했어요. 저도 그때만큼은 화를 내기보다는, 아이가 진정한 것이 대견해서 "참아 줘서 고마워"라고 마음속에서 우러나오는 말을 할 수 있었어요. 아이는 그때는 아무 말도 하지 않고 그대로 잠이 들었답니다.

아이가 소리를 지르고 울며 떼를 쓸 때, 부모가 화를 내지 않고 조용히 대응하는 것은 상당한 각오가 필요한 일입니다. 그러나 이러한 대응의 반복이 미숙 뇌가 성숙 뇌로 성장하는 데 대단히 중요하다는 것을 잊지 않길 바랍니다.

아이에게 효과적인 4단계 무시 훈육법

무시란 아이에게 '했으면 하는 행동'을 끌어내는 무언의 신호

이어서 무시의 방법에 대해 이야기해 보겠습니다. 앞서 말했듯, 무시란 방치하는 것이 아니라 아이의 행동이 '했으면 하는 행동'으로 변하기까지 약간의 거리를 두고 기다린다는 의미입니다. 여기서 무시를 말 그대로 받아들여 상대하지 않거나 방치하지 않도록, 올바른 4단계 무시 훈육법에 대해 소개하겠습니다.

① 바로 무시하고, 시선을 마주치지 마라

아이의 '하지 않았으면 하는 행동'이 시작되면 바로 무시해야 합니다. 무시할 때는 자세를 바꿔서 아이와 시선을 마주치지 않도록 하세요. '하지 않았으면 하는 행동'에 주목하지 않는 모습을 아이가 눈으로 보고 알 수 있도록 시선이나 자세로 나타내야 합니다.

② 무시할 때는 감정을 드러내지 마라

마음속에서는 정말 화가 나더라도 미간을 찌푸리거나 한숨을 쉬지 마세요. 겉으로 화를 내는 모습을 보이면 안 됩니다. 이런 행동은 아이에게 더욱 자극을 줄 수 있습니다.

③ 자신의 감정보다 다른 것에 집중하라

무시란 어떤 의미로는 아이의 '하지 않았으면 하는 행동'이 신경 쓰이기 때문에 하는 것입니다. 그래서 아이가 '하지 않았으면 하는 행동'을 계속할 때 부모가 자신의 감정을 억제하지 못할 수도 있습니다. 그럴 때는 다른 것을 생각하거나, 빨래나 설거지 또는 청소와 같이 집안일을 하는 등 전혀 다른 일을 해보세요. 그러면 무시하면서 발생하는 감정을 가라앉힐 수 있습니다. 감정을 통제하는 것은 결코 쉬운 일이 아닙니다. 억지로 생각하지 않으려고 하는 것보다는 늘 하는 행동을 하는 것이 뇌 스위치의 방향을 좀 더 쉽게 바꿀 수 있는 방법입니다.

④ 칭찬을 준비하라

아이가 '하지 않았으면 하는 행동'을 그만두거나 '했으면 하는 행동'을 시작하면 바로 칭찬할 수 있도록 준비를 하세요. 바로 칭찬을 하면 아이는 '이것은 부모님이 생각하기에 했으면 하는 행동이다'라고 좀 더 쉽게 인식할 수 있기 때문입니다. 특히 이렇게 바로 칭찬을 받으면 아이는 어리둥절해서 적절한 반응을 하지 못할 때가 많습니다. 그러나 앞에서 말했듯이 아이는 그때의 기분을 나중에 구체적으로 표현하는 모습을 보여 줄 것입니다.

그 후, 아이가 차분해지면 '하지 않았으면 하는 행동'에 대해서도 "어떻게 하고 싶었어?"라며 묻고, "이렇게 하면 좋았을 거야"라며 함께 생각해 볼 수 있습니다. 이때, "왜 그런 행동을 하는 거야?"와 같이 부모의 관점으로 물으면 아이는 답할 수 없습니다. 특히 이런 행동은 아이가 '부모가 따지듯 물을 때는 원하는 답을 하지 않으면 용서해 주지 않는구나'라고 생각하게 되는 역효과가 발생하기 때문에 주의해야 합니다.

무시할 때 중요한 것은 아이의 변화를 기다리는 자세

무시를 해서 아이가 변했으면 하는 행동이 고쳐진다면 구체적으로 바뀐 '그 행동'을 칭찬하세요. 무시 다음은 반드시 칭찬이 이어져야 합니다. 무시란 주목하지 않는 것이라고도 할 수 있습니다. 아이는 주목받으면 비록 나쁜 행동이라도 더욱 주목받기 위해 강도를 높여서 행동하는 경향이 있습니다. 하지만 무시를 하고 주목하지 않으면 그 행동이 줄어들게 됩니다. 그러기 위해서 중요한 것은 시간이 걸리더라도 기다린다는 자세입니다.

다만 무시라고 해서 전혀 말을 걸지 않아야 하는 것은 아닙니다. 만약 유아기 아이가 큰 소리로 떼를 쓰면 무시하기 전에 "조용히 말하면 들을게"라며 '했으면 하는 행동'의 힌트를 주는 것도 좋은 방법입니다. 그리고 아이가 '하지 않았으면 하는 행동'을 그만두거나 '했으면 하는 행동'으로 바뀌면 바로 칭찬해 주세요. 바로 칭찬을 받게 되면 아이의 '의식 스위치'가 켜집니다. 그러면 아이는 '이 행동은 해도 된다'라고 인식하게 됩니다.

무시는 '예상 밖의 칭찬 타이밍'을 활용하기 위한 궁극의 기술입니다. 그것을 위해서라도 '어떤 행동이 적절한가'를 평상시에 아이와 함께 생각해 보면 좋을 것입니다.

칭찬과 무시의 대상이 되는 것은 '행동'이다

'구체적인 행동'이 의미가 있다

앞에서 칭찬할 때는 '아이의 구체적인 행동'을 칭찬해야 한다고 말했습니다. 그런데 '행동'이란 과연 무엇일까요?

행동이란 보이고, 들리고, 셀 수 있는 것으로, '~하다'라는 형태로 표현할 수 있는 것을 말합니다. 어디까지나 육아에 관한 것으로, '~하지 않는다'라는 것은 행동으로 생각하지 않습니다. 조금은 이해하기 어려울 수도 있을 텐데요. 그렇다면 다음 예 중에서 행동이라 부를 수 있는 것은 무엇일지 생각해 보시기 바랍니다.

A. 아침밥을 먹지 않는다

B. 오늘은 동생에게 잘해 주었다

C. 언제나 사람들이 싫어하는 것을 일부러 한다

어떻게 생각하시나요?

답은, 예시 중에는 행동이라고 부를 수 있는 것은 없습니다.

A는 '~하지 않는다'라는 표현에 해당하고, 아무것도 하지 않기 때문에 행동이라 부를 수 없습니다. 먹지 않고 그 대신에 무언가를 했느냐가 행동에 해당합니다. '어제 너무 많이 먹어서 오늘 아침밥은 먹지 않았지만 물 한 컵은 마셨다'라면, '물을 마셨다'라는 사실이 행동이 됩니다.

B는 주관적인 인상을 표현하는 말이지, 보이고, 들리는 행동이 아닙니다. '오늘은 동생이 넘어져서 다쳤기 때문에 내가 업어 주었다'라면, '업어 주다'라는 것이 행동이 됩니다.

C는 행동처럼 생각할 수 있지만, 이것도 구체적이지 않고 주관적인 인상을 표현하는 말입니다. '일부러'는 추측에 근거한 표현입니다. 본인이 정말로 의도했는지는 모르기 때문에 행동이라고 할 수 없습니다. '어떤 사람이 옆을 지나갈 때마다 발을

걸어 넘어지게 한다'라면, '발을 건다'라는 것은 행동이 됩니다.

아이가 이해할 수 있어야 한다

이처럼 행동이란 주관적인 인상이나 추측으로 포착된 것이 아니라, 좀 더 구체적으로 표현된 것입니다. 칭찬과 무시는 그 대상이 되는 것이 구체적인 행동이 아니면 의미가 없습니다. 행동이 아닌 막연한 것을 대상으로 하면 아이가 이해하기 어렵기 때문입니다.

유아기 ①

행동의 목적에 따라 대응이 달라져야 한다

행동의 목적을 파악하는 세 가지 포인트

유아기 아이는 말과 행동 표현이 아직 미숙하기 때문에 그 행동에 어떤 의미가 있는지 생각해서 대응하기가 쉽지 않습니다. 그러나 아이가 하는 '행동의 목적'에 대한 이미지를 가지고 있으면 비교적 쉽게 대응할 수 있습니다.

행동의 목적을 파악할 때는 먼저 '행동의 변화'를 놓치지 않아야 합니다. 그러기 위해서는 다음 세 가지 포인트에 주목해야 합니다.

① 행동의 목적을 일반화하지 마라

유아기 아이의 행동은 같은 행동처럼 보여도 의미가 다른 경우가 많습니다. 아이의 행동을 일반화(법칙화)하지 않도록 주의해야 합니다.

② 행동의 목적이나 이유는 한 가지가 아니라는 사실을 기억하라

예를 들어, 유아기 아이가 장난을 치거나 심술을 부릴 때 그 표면적인 행동이 목적이나 이유가 아닐 경우가 많습니다. 주의를 끌고 싶거나, 무언가 마음대로 되지 않거나, 기분이 내키지 않거나 등 이유는 한 가지가 아닙니다.

③ 새로운 행동은 일단 지켜보라

언뜻 보기에는 잘못된 행동이라도 지금까지 보지 못한 행동이라면 무작정 혼내기보다, 객관적으로 생각해 일단 은 지켜보는 것이 좋습니다. 이것은 뇌 네트워크 확장에도 중요하기 때문입니다.

아이의 네 가지 행동별 대응법

아이가 하는 행동의 목적은 크게 네 가지 방향으로 나눌 수 있습니다. 각 상황에서 부모가 구체적으로 어떤 대응을 해야 하는지 살펴보도록 하겠습니다.

① 주목 행동

먼저, 아이가 주위 사람에게 주목을 받고 싶어서 하는 행동이 있습니다. '주목을 받고 싶다'라는 것은 아이 행동의 원천이라고도 할 수 있으며, 가장 강한 동기부여가 되는 것입니다.

아이의 행동에 대한 주목에는 '좋은 주목'과 '나쁜 주목'이 있는데요. 좋은 주목은 (아이에게 있어) 칭찬, 인정, 격려로 인한 주목을 말합니다. 이에 반해, 나쁜 주목은 잔소리, 주의를 받는 것 등이 있지요.

안타깝게도 좋은 주목이나 나쁜 주목 모두 부모가 어떻게 대응하느냐에 따라 아이의 행동이 강화될 가능성이 있기 때문에 주의해야 합니다. 앞서 강조했듯, 아이가 '했으면 하는 행동'이면 칭찬을 합시다. 그러나 아이가 '하지 않았으면 하는 행동'인 경우에는 무시하세요.

무시에 대해 설명할 때 말했던 것처럼, 주목 행동을 무시당하면 아이는 더 주목받기 위해서 일시적으로 '하지 않았으면 하는 행동'의 강도를 높입니다. 그러나 이것은 효과가 있다는 증거이기 때문에 좋은 조짐입니다. '하지 않았으면 하는 행동'이 사라질 때까지 강한 각오로 무시를 지속하세요.

앞서 말했듯, '하지 않았으면 하는 행동'이 사라지면 바로 칭찬해 주세요. 아이가 '하지 않았으면 하는 행동'을 그만두면 칭찬을 받는다는 인식을 할 수 있도록 말입니다.

덧붙여, 장난감이나 먹을 것을 '갖고 싶어서 하는 행동'의 경우, 기본적으로는 주목 행동과 같은 대응을 하면 됩니다.

② 회피 행동

아이가 하고 싶지 않은 것이 있을 때, 그것은 회피 행동이라고 할 수 있습니다. 노래를 못 부르는 아이가 유치원에서 음악시간이 되면 뛰쳐나가 버리는 행동이 이에 해당합니다.

이 행동이 아이가 '했으면 하는 행동'이면 칭찬해 주세요. 그러나 아이가 '하지 않았으면 하는 행동'일 경우에는 무시를 해도 아무것도 변하지 않습니다. 주목 행동과 달리 회피 행동을 무시당하면 아이는 그대로 회피할 수 있기 때문에 오히려 좋아할 수 있습니다.

③ 감각 행동

감각 행동은 다른 사람이 보기에는 목적이 없는 것처럼 보여도 본인은 무의식적으로 하는 행동을 말합니다. 때로는 불안을 없애기 위해 하기도 하죠.

예를 들어 코딱지를 파서 먹는 행동, 남자아이가 자기 성기를 만지는 행동, 옷소매와 옷깃 부분을 핥거나 물어뜯는 행동과 같은 것입니다. 이 행동에 대해서는 일단 불안을 없애기 위해서 하는 행동은 아닌지 검증을 먼저 해야 합니다. 불안 해소를 위해서라면 그것은 아이에게 일종의 주술 같은 것이기 때문에 억지로 그만두게 하지 않는 것이 좋습니다.

앞의 내용과 마찬가지로 이 행동이 '했으면 하는 행동'이면 칭찬해 주세요. 그러나 '하지 않았으면 하는 행동'의 경우에는 무시해도 아무것도 변하지 않을 겁니다. 그 때문에 수용 가능한 행동인지 아닌지를 분명하게 판단해야 합니다. 허용 범위는 부모가 결정해야 하는 문제인데, 아이의 연령을 고려하여 가능한 한 느슨하게 생각하는 게 좋습니다.

다음과 같이 상황에 따라 대응하면 좋습니다. 아이가 해도 문제가 없는 행동의 경우는 아무런 제지를 가하지 않고, 혹 문제가 될 것 같다면 전환이 가능하도록 대체할 수 있는 행동을 생각하거나 리셋하기 위한 규칙을 생각해야 합니다. 이때, 다른 비슷한 감각을 가진 것으로 적응 가능한 대체 행동을 찾습니다. 또는 아이가 적응할 수 있는 전혀 다른 행동을 찾는 것이 좋습니다.

'받아들일 수 있는 행동', '받아들일 수 없는 행동' 중 어떤 경우에도 대체 행동을 한다면 구체적으로 칭찬해 주는 게 중요합니다.

이와 같이 아이가 하는 행동의 목적이 네 가지 중 어느 것에 해당하는지를 파악하면 구체적으로 대응하기가 쉬워집니다. 아이가 하는 행동의 목적과 각각의 대응은 다음 페이지의 표를 활용하시기 바랍니다. 실제로 이 표를 참고하면서 대응을 생각하면 문제점이 드러납니다. 비록 그때는 잘되지 않았어도 그 후의 상황을 예측할 수 있어서 여유를 가지고 대응할 수 있게 됩니다.

아이의 행동 목적별 대응 표

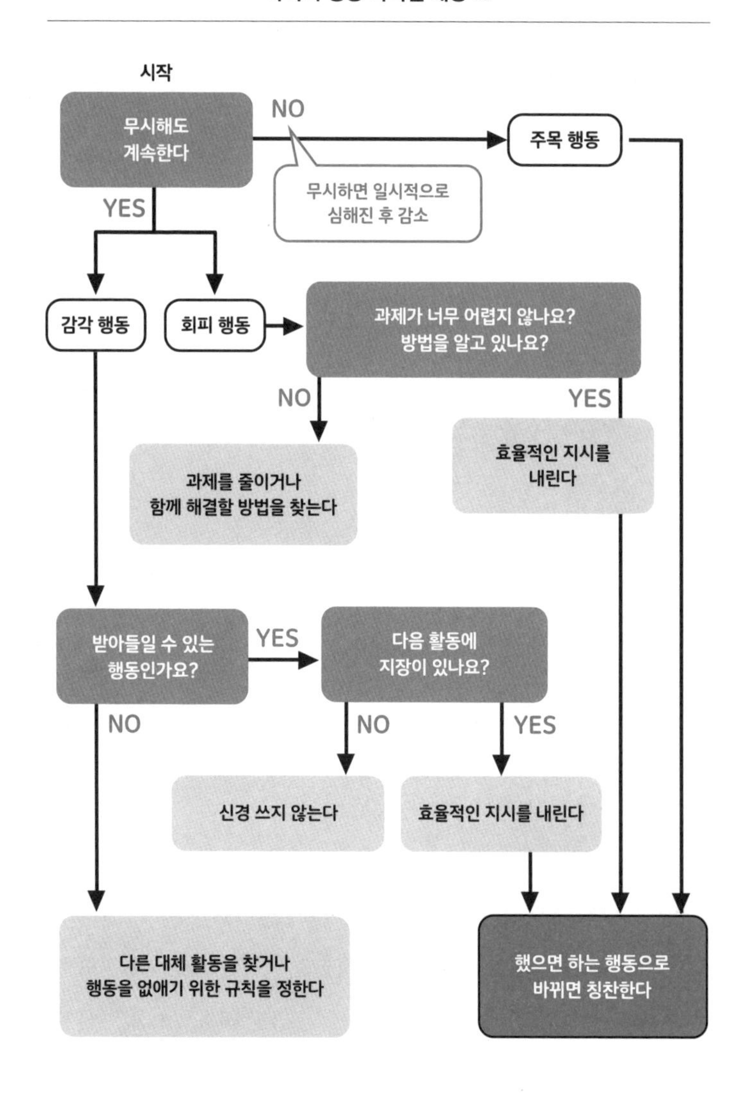

유아기 ②

아이의 문제 행동별 맞춤 대처법

똑같이 문제 행동을 하는 아이라도 대응은 다르게 해야 한다

그렇다면 아이의 행동 목적에 따라 어떻게 대응을 해야 하는지 사례를 통해 살펴보도록 하겠습니다.

아이 A와 B는 유치원에서 만들기 시간이 되면 소리를 지릅니다. 두 아이 모두 소리를 지르는 문제 행동을 하지만, A는 선생님이 가까이 가서 "잘 만들었네"라고 말해 주면 금방 조용해지고 다시 만들기에 집중합니다. 그러나 A는 다음 만들기 시간에도 똑같이 소리를 지릅니다. B는 선생님이 가까이 가서 말을 걸어도 멈추지 않기 때문에 다른 교실로 이동하여 다른 활동을 해야만 조용해집니다. 그러나 B도 다음 만들기 시간이 되면 여전히 소리를 지릅니다.

이런 경우에 선생님은 어떻게 대처하는 것이 좋을까요? 두 아이 모두 '하지 않았으면 하는 행동'을 하지만 지금까지 선생님의 대응은 '했으면 하는 행동'으로 이어지지 않았습니다. 그러면 앞서 제시한 표를 참고하면서 어떻게 대응하는 것이 좋을지 함께 생각해 봅시다.

아이 A의 행동 대처법

우선 아이 A의 경우, 선생님은 그림을 바탕으로 소리 지르는 행동을 무시하는 것부터 시작했습니다. 그러자 소리 지르는 행동에 더해 발버둥을 치며 날뛰는 격한 행동으로 이어졌습니다. 다시 말해 이것은 무시가 효과를 발휘한 것입니다.

여기서 A의 행동이 무엇을 위한 행동인지를 생각해 봅시다. 그리고 A의 소리 지르기가 멈출 때까지 끈기 있게 기다리기로 했습니다. 끝내 아이가 그 행동을 더 이상 하지 않자, "소리 지르기를 멈춰 줘서 고마워"라고 바로 칭찬을 했습니다. 이런 대응이 반복되면서 A는 서서히 소리를 지르는 횟수가 줄어 갔습니다.

A의 경우는 주목 행동에서 나온 소리 지르기였습니다. 그런데도 그림을 바탕으로 대응하기 이전에는 A의 행동에 선생님이 주목했기 때문에 행동이 변하지 않았고, 소리를 지르면 선생님이 온다는 잘못된 학습을 했던 것입니다. A의 행동은 '하지 않았으면 하는 행동'이기 때문에 그만두게 하는 것에 집중해야 합니다. 그다음, 아이가 '했으면 하는 행동'으로 바꿀 필요가 있습니다. 동작으로 나타내거나, 물건을 사용하거나, 그 아이가 할 수 있는 적절한 방법을 아이와 함께 생각해야 합니다.

아이 B의 행동 대처법

아이 B도 우선 행동을 무시하는 것부터 시작했습니다. 그러나 아무리 무시를 해도 B의 행동은 강해지지도 않고 약해지지도 않은 상태로 지속되며 변화의 기미가 보이지 않았습니다.

그래서 B의 행동은 주목 행동이 아니라고 생각할 수 있습니다. 다음으로, 회피 행동이나 감각 행동은 아닌지 생각해 봐야 합니다. 우선은 회피 행동인지 아닌지 확인하기 위해 B를 다른 교실로 이동시키고 만들기가 아닌, 간단한 작업을 하도록 해 보았습니다. 다른 아이들과 같은 교실에서 B가 좋아하는 캐릭터 인형을 가지고 놀게 하거나 하면서 B가 할 수 있을 것 같은 작업을 하도록 했습니다. 그러자 B는 소리를 지르는 행위를 멈추고 자신이 할 수 있는 작업을 하게 되었습니다.

이처럼 유아기 아이의 회피 행동에 대한 대응의 기본은 아이의 관점을 생각해, 그 아이가 할 수 있는 행동을 넓혀 가는 것에 있습니다. B의 경우는 서툰 만들기 실력 때문에 스트레스를 받았고, 그럴 때마다 소리를 질렀습니다. 그래서 선생님이 그 행동을 할 때마다 다른 교실로 이동시켰기 때문에 잘못된 학습을 했던 것입니다. B는 자기가 하고 싶지 않을 때는 소리를 지르면 된다고 무의식 중에 생각했던 것이죠.

행동을 바탕으로 대응해야 하는 유아기

회피 행동을 선택할 때 그 아이가 할 수 있는 것으로 바꾼다는 것은 부모가 아이의 성장에 맞는 적절한 행동을 깨닫는 계기가 되기도 합니다.

언어적인 의사소통 능력이 높아지는 학령기나 사춘기 아이와는 다르게 유아기 아이의 생각을 이해하는 것은 어려움이 있습니다. 유아기의 뇌는 다양한 신경세포의 연결망이 확장되는 것에 비해 견고한 형성이 아직 미숙하기 때문에 아이 스스로 명확한 의도나 방향성을 가진 의식이 형성되어 있지 않습니다.

따라서 유아기 아이에게는 말로 표현하기보다는 행동을 바탕으로 대응하는 것이 아이의 눈높이에 맞는 접근 방법이 될 것입니다.

학령기 ①

벌칙은 '적절한 행동'을 알려 준다

벌을 주더라도 즐거운 시간을 포기해서는 안 된다

벌칙도 아이에게 '적절한 행동'을 의식하게 하는 방법 중 하나입니다. 다만 벌을 줄 때는 주의해야 하는 것이 있습니다. 벌칙이라고 하면 아이에게 화를 내거나 주의를 줘서 나쁜 행동을 알게 하기 위한 수단으로 생각하기 쉽습니다. 그러나 벌칙은 행동의 인식을 통해 변화를 이끌어 내는 게 목적입니다.

그렇기 때문에 아이에게 효과가 있도록 올바른 벌칙을 적용하는 게 중요합니다. 여기서도 중요한 것은 아이의 관점입니다.

그러면 어떻게 해야 할까요?

우선은 평상시에 아이가 즐거워하는 시간을 만들어 주는 것이 선행되어야 합니다. 즐거운 시간이 벌칙과 어떻게 연결되는 걸까요? 벌칙에는 즐거운 시간을 줄이는 것도 해당합니다. 그런 규칙에 의해 아이는 '적절한 행동'이 무엇인지 알 수 있게 됩니다.

이때 주의할 점이 있습니다. 그것은 즐거운 시간을 아예 없애면 안 된다는 것입니다. 즐거운 시간을 없애면 아이는 반대로 벌을 받은 것을 인식하지 못할 수도 있기 때문입니다. 그러면 애써 적절한 행동이 무엇인지 알게 하기 위하여 부여한 벌의 효과가 사라져 버립니다.

벌칙에 있어 네 가지 주의점

① 벌칙은 아이의 발달 단계에 맞춰라

벌칙은 아이가 규칙을 이해할 수 있는 단계가 된 다음에 비로소 효과가 있습니다. 그래서 벌칙을 줄 경우에는 아이의 발달 단계에 맞춰야 합니다. 유아기 아이의 문제 행동에는 일단 무시라는 대응으로 시작합니다(앞에서 제시한 표 참조). 하지만 그럼

에도 해결되지 않았을 때나 학령기 이후의 아이의 경우, '즐거운 시간을 줄인다'라는 벌칙을 아이와 함께 만들어야 합니다.

② 벌칙은 미리 생각하라

벌칙은 실제로 아이가 문제 행동을 했을 때가 아니라 행동을 하기 전에 미리 아이와 함께 생각해 보는 게 좋습니다. 이때, 벌칙은 수습 기간을 두는 게 좋습니다. 실천할 수 있는 것인지, 바꿔야 하는 부분은 어떤 것인지 아이와 부모가 같이 확인하고 필요하다면 수정해야 합니다. 실제로 규칙을 수정하면서 아이도 자신이 할 수 있는 것, 할 수 없는 것에 대한 구체적인 이미지를 만들 수 있습니다.

③ 벌칙은 무슨 일이 있어도 실행해야 한다

벌칙을 결정해서 실천하기로 했다면 무슨 일이 있어도 실천해야 합니다. "오늘은 열심히 했으니까 없는 걸로 치자"라며, 갑자기 예외를 만들면 안 됩니다. 만약 예외가 필요하다면 예외 조항도 규칙으로 미리 결정해 두어야 합니다. 아이는 한 번 예외를 적용받으면 언제나 예외만을 원하게 됩니다. 또 만약 비슷한 상황에서 예외를 적용받지 못하면 아이는 이해가 되지 않아 혼란스러워할 수 있습니다.

④ 벌칙은 단기간으로 정하라

그리고 벌칙은 단기간에는 기능하지만 장기간이 되면 제대로 작동하지 않을 때가 많습니다. 그럴 때는 2주 후나 1개월 후처럼 정기적으로 규칙을 점검하는 기간을 정해 놓으면 아이도 그 기간에는 열심히 규칙에 맞춰 행동하게 됩니다.

이와 같이 벌칙의 주의점을 생각하면서 아이에게 적절한 행동을 인식시켜 주시기 바랍니다. 뒤에서 일상생활 속 사례를 살펴보도록 하겠습니다.

학령기 ②

실제로 벌칙을 정할 때 세 가지 주의점

게임 벌칙을 아이와 함께 정한다면

그러면 이와 관련된 한 가정의 사례를 소개하겠습니다.

게임 시간에 대한 규칙을 아이와 함께 결정했습니다. 하지만 오늘 아이가 오랫동안 갖고 싶어 했던 새로운 게임 CD가 집에 도착했습니다. 아이도 규칙을 분명 알고 있었지만, 집에 아무도 없어서 규칙을 어기고 정해 놓은 시간을 초과하여 게임을 즐겼습니다. 그런데 운이 나쁘게도 엄마에게 들키고 말았습니다.

우선 게임은 처음부터 분명하게 규칙을 결정해서 대응하지 않으면 나중에 수정하기가 매우 힘들어집니다. 특히 게임에 깊이 빠져 있는 아이에게는 게임의 세계가 신의 영역이 되어 버린 경우도 있어서 그것을 그만두게 하는 것은 매우 위험한 일이 될 수도 있지요.

따라서 처음에 규칙을 어떻게 만드느냐가 대단히 중요한데요. 그래서 사례와 관련하여 앞서 언급한 벌칙의 주의점을 더 구체적으로 살펴보는 시간을 가져 보겠습니다.

① 벌칙을 만들 때 예외 사항도 생각하라

먼저, 벌칙을 정할 때는 약속을 지키지 않았을 때의 규칙도 분명하게 만들어 둘 필요가 있다고 말했는데요. 몇 분을 초과했는지 또는 초과 시간을 모를 때 게임 시간이 어느 정도 줄어드는지 명확하게 정해야 합니다.

② 벌칙은 흑과 백이 아니라는 사실을 기억하라

이때, ○ 아니면 ×, 즉 흑백논리로 벌칙을 정해서는 안 됩니다. 게임 시간을 없애 버리면 게임을 하지 못한다는 것에 아이의 신경이 온통 쏠리기 때문입니다. 또한 형제가 있는 경우, 자신만 게임 시간이 줄어든다면 손해 보고 있다는 생각을 하게 됩니다.

다음으로 규칙을 지키지 않았을 때, 회복을 위한 기준도 정하도록 합시다. 며칠이 지나면, 또는 집안일을 얼마나 도와야 게임 시간을 회복할 수 있는지 명확하게 해 두어야 합니다.

③ 벌칙에는 수습 기간을 두어라

그리고 앞서 게임 벌칙을 만들 때의 또 하나의 포인트는 수습 기간을 두고 아이가 실천할 수 있는 규칙으로 만들어 나가야 한다고 말했는데요. 부모가 일방적으로 결정한 규칙이 아니라 아이가 납득할 수 있는 것이 되어야 합니다. 규칙을 결정할 때는 부모와 아이뿐만 아니라 형제가 있다면 물론이고, 반드시 관련된 사람 모두와 함께 의논하는 것이 적절한 규칙을 만드는 데 도움이 됩니다. 규칙은 반드시 모두가 함께 공동 작업으로 만듭시다.

벌칙이 있으면 게임 시간이 줄어든 형제의 모습이 반면교사가 되어 자신도 규칙을 지키기 위해 노력하게 됩니다. 형제가 있는 경우는 서로 규칙을 위반하지 않도록 주의를 주기 때문에 위반하는 경우가 줄어들게 됩니다. 또 아직 상황 판단이 서툰 아이는 무모한 규칙이라도 쉽게 동의합니다. 하지만 규칙 위반을 했을 때 이것은 함께 정한 규칙이니까 지켜야 한다고 아무리 말해도 납득하지 못하면 애써 만든 규칙도 탁상공론이 되고 맙니다.

화는 훈육이 아니다

화를 내는 대응은 강력하여 즉효성이 있지만, 아이에게는 해야 하는 적절한 행동이 무엇인지 모른 채 야단만 맞는 모양이 될 수 있습니다. 또 아이에게 자신의 좋지 않은 면만을 의식하게 할 수도 있지요.

무엇보다 화를 내면 결과적으로 아이 뇌의 부정적인 네트워크를 강화시킬 수 있습니다. 이러한 대응을 지속하면 아이의 말과 행동이 줄어들게 됩니다. 야단맞는 것에 익숙해지면 무력감을 느끼게 될 수도 있습니다. 아이의 문제 행동으로 인해 부모는 감정에 치우쳐 고함을 지를 수도 있고, 또 짜증이 폭발할 수도 있겠죠.

사람이기 때문에 어쩔 수 없지만, 그런 행동을 아이에게 했을 경우에는 반드시 제대로 사과해야 합니다(다만 손찌검과 같은 물리적인 행위는 변명의 대상이 되지 못합니다). 이것은 부모로서 최소한의 책무라고 생각해야 합니다.

벌칙은 부모의 감정을 쏟아 내는 분노가 아니라 아이가 적절한 행동이 무엇인지 알게 하기 위해서라는 전제가 있으면 아이를 탓하지 않고 대응할 수 있습니다. 그렇게 부모도 감정에 치우치지 않고 아이에게 대응할 수 있는 횟수가 늘어나면 마음도 훨씬 편해지고, 하루하루 무럭무럭 자라는 아이의 모습을 진정으로 즐길 수 있을 것입니다.

PART 4

내면이 단단한 아이로 키우는 법

01

스트레스를 받을 때 뇌에서 일어나는 일

육아 스트레스는 특별한 일이 아니다

'육아는 부모의 성장으로도 이어진다'라는 말이 있습니다. 다만 육아가 무엇과도 바꿀 수 없는 소중한 경험이 되는 사람이 있는가 하면, 쉽게 적응하지 못해 힘들어하는 사람도 있습니다.

그리고 아이의 뇌 발달 단계마다 눈높이에 맞춘 육아를 한다면 부모의 사고방식만이 아니라 자신과 다를 수 있는 아이의 가치관을 받아들이고 평가해야 합니다. 그 과정에서 아이의 부정적인 감정을 받아들여야 하는 어려움에 직면하기도 합니다. 그러므로 부모가 육아를 하면서 스트레스를 받는 것은 전혀 이상 한 일이 아닙니다.

'즐거운 육아'라는 것은 아이의 눈높이에 맞는 육아 기술을 많이 익혀서 힘을 빼고 편안하게 아이와 관련된 즐거움을 느끼는 것을 의미합니다. 그러나 아이의 눈높이에 맞춰 아이를 대한다는 것은 지금까지 자신이 가지고 있던 가치관을 근본적으로 바꿔야 하는 어려움을 견뎌야 하는 일이기도 하죠. 자신에게 없는 가치관을 받아들이고, 때로는 가치관을 바꾼다는 것은 사람에 따라서는 굉장한 스트레스가 될 수 있습니다.

따라서 부모 자신이 육아에서 발생하는 스트레스를 이해하고 그 스트레스와 공존하는 방법을 배우는 것이 '즐거운 육아'에서 매우 중요한 요소입니다.

'스트레스는 없는 것이 낫다'라고 생각할 수도 있지만, 전혀 스트레스를 받지 않는 세상에 살다 보면 안타깝게도 뇌에 아무런 자극이 가지 않기 때문에 인간으로서 성장도 기대할 수 없습니다.

스트레스는 부정적인 이미지가 있지만 어떻게 보면 자극과 같은 것입니다. 쾌적한 자극이 있고 그렇지 않은 자극이 있는 것처럼, 스트레스에도 성장에 도움이 되는 것도 있고 심신에 악영향을 미치는 것도 있습니다.

즉 스트레스는 가끔은 사람이 성장하는 데 필요합니다. 그러므로 단순히 스트레스를 없애야 하는 것으로만 받아들이면 안 됩니다.

아이 스스로 스트레스를 처리하는 방법도 배워야 한다

어떤 부모님은 이렇게 말했습니다.

"저는 젊었을 때 매우 힘든 경험을 많이 해서 딸에게만은 전혀 스트레스를 주지 않는 생활을 하고 싶어요."

그분은 딸이 좋아하는 친구들만 같은 반이 되게 해 달라고 학교 선생님에게 부탁했고, 선생님에게도 자신의 딸에게 스트레스를 주지 않았으면 좋겠다고 강하게 어필했다고 말했습니다. 하지만 이런 방식은 아이가 스트레스를 처리하는 법을 배울 수 없게 만듭니다. 실제로 그 아이는 자신의 감정을 대하는 법을 몰라 혼란스러움을 겪어야만 했습니다.

그래서 중요한 것은, 스트레스를 줄이는 것뿐만 아니라 '스트레스의 구조'와 '어떻게 스트레스를 통제할 것인가'에 대해 이해하는 것입니다.

뇌가 스트레스를 느끼는 과정

스트레스를 느끼는 과정은 몇 가지가 있지만, 우선 중심이 되는 'HPA축의 흐름'에 관해 이야기하겠습니다.

우리가 스트레스를 느낄 때는 뇌의 여러 곳에서 처리를 하는데, 그 중심을 담당하는 것이 'HPA축'입니다. 이는 시상하부-뇌하수체-부신 축Hypothalamic-Pituitary-Adrenal Axis, HPA axis의 줄임말로, 신경내분비계로서 감정, 면역력, 에너지 저장 등 다양한 신체 과정을 조절한다고 알려져 있습니다.

스트레스를 받으면 제일 먼저 편도체라는 곳에서 인식하게 됩니다. 거기에서 각종 호르몬을 방출하여 스트레스에 반응하는 주요 구성 요소인 시상하부, 뇌하수체, 부신으로 정보를 전달하고, 뇌하수체에서 부신피질자극호르몬ACHC을 방출하여, 부신의 바깥층을 이루는 조직인 부신피질에서 대표적인 스트레스 호르몬인 코르티솔cortisol을 배출해 스트레스에 대응합니다. 그때 뇌는 스트레스에 대해 투쟁할지 도주할지 선택하게 되는 것이죠.

하지만 스트레스 반응이 계속 촉진되면 '스트레스의 굴레'에서 벗어날 수 없게 됩니다. 뇌에 촉진하는 작용에는 반드시 억제 기능도 함께 세트로 묶여 있습니다. 스트레스 처리의 중심이

HPA축 스트레스 회로

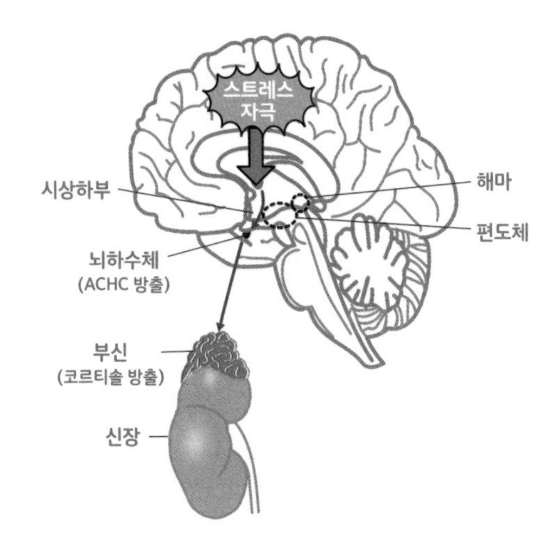

되는 HPA축의 회로를 억제하는, 즉 스트레스를 완화시키는 기능을 돕는 것이 기억 저장고이기도 한 해마입니다. 그래서 '스트레스의 굴레'라는 것은 스트레스를 줄여 주는 역할을 하는 해마가 위축되는 것과 관련이 있습니다.

해마가 위축되면 스트레스를 받을 때, 투쟁인지 도주인지도 판단하지 못해 무방비로 노출되는 상태라고 할 수 있습니다. 스트레스 반응이 계속되면 해마의 다른 기능인 기억 저장도 어려워집니다(자세한 것은 뒤에서 설명하겠습니다). 결과적으로 과도한 스트레스가 주어지면 그 상황을 기억하지 못하는 일이 일어날 수도 있습니다.

따라서 해마는 스트레스 반응에 빼놓을 수 없는 뇌 부위라고 할 수 있습니다.

스트레스에 강한 아이로 키우려면

스트레스를 관리하기 위해서는 코르티솔 분비를 억제하는 기능이 필요합니다. 앞서 언급했듯이 여기에서도 어떤 수용체를 늘리면 억제 기능이 강화됩니다. 그것은 스트레스 반응을 억제하는 데 효과적인 수용체 중 하나인 '스테로이드 수용체'입니다.

연구 결과에 따르면, 새끼였을 때 제대로 된 양육을 받지 못해 안정감을 느꼈던 체험이 적은 생쥐는 세로토닌 분비량이 적었고, 세로토닌이 부족하면 그 하류에 있는 스테로이드 수용체의 발현이 저하됩니다. 그러나 제대로 양육된 생쥐에게서는 세로토닌이 많이 분비되고 스테로이드 수용체가 많이 발현된다는 결과를 얻었습니다.

아이의 스트레스에 대한 내성을 키우기 위해서는 언뜻 보면 우회하는 것 같아도, 안정감을 주는 것이 가장 중요합니다. 어릴 적 안정감을 충분히 느끼며 생활하는 것이 '스트레스에 강한 마음'을 만드는 것입니다. 아이가 울보라면 전혀 걱정하지 마세요. 부모가 꼭 안아 주며 안심시켜 주면 씩씩하고 참을성 있는 스트레스에 강한 아이로 성장할 것입니다.

강한 스트레스가 기억에 미치는 영향

부담이 가해지면 학습 능력은 어떻게 될까?

다음과 같은 상황을 상상해 보세요.

당신은 극단에 소속되어 있습니다. 앞으로 30분 뒤에 무대가 시작됩니다. 그러나 주인공의 몸이 좋지 않아 갑자기 무대 뒤에서 도구를 담당하던 당신이 주인공으로 무대에 서라는 청천벽력 같은 지시가 내려 왔습니다. 앞으로 30분 만에 주인공의 대사를 외워야 합니다. 큰일이 났습니다. 한 번도 해 본 적 없는 역할의 대사를 백

지상태에서 외워야 합니다. 아무리 여러 번 대사를 반복해 읽어도 대사가 전혀 머릿속에 들어오지 않는 상황입니다.

상황은 달라도 비슷한 경험을 한 적 없으십니까? 스트레스의 중요한 경로인 HPA축의 억제를 담당하는 해마는 기억이나 학습을 담당하는 곳이기도 합니다. 그러나 강한 스트레스가 주어지면 해마의 기능이 저하되기 때문에 기억력이 낮아집니다. 강한 스트레스가 주어진 상태에서는 운동이든 학습이든 기억이 차단된 상태이기 때문에 아무것도 배울 수 없게 되는 것이죠.

이처럼 아이에게 무언가 가르칠 때 너무 강한 부담을 주며 지도를 하는 것은 아이의 안정감에도 학습에도 부정적인 영향밖에 주지 못합니다.

강한 스트레스가 심신에 미치는 영향

자전거 타기나 수영과 같은 신체를 사용한 움직임의 기억은 소뇌에 축적되고, 그 이외의 기억은 일단 해마에 축적된 다음 대뇌피질로 전송됩니다. 만성적인 스트레스를 받고 있으면 스트레스 호르몬인 코르티솔에 계속 노출됩니다. 그러면 신경을 지나치게 흥분시킵니다.

그 때문에 에너지원인 당 공급이 방해받아 신경이 죽게 되고, 기억 저장고인 해마의 위축을 초래해 기능 저하가 일어나게 됩니다. 그렇게 되면 불안, 긴장을 통제할 수 없는 상태가 되어 우울한 감정이 증폭되는 것이죠. 유아기에 학대와 같은 강한 스트레스를 받게 되면 스테로이드 수용체도 적어지기 때문에 스트레스에 더욱 취약한 뇌가 됩니다.

그리고 기억 형성이 방해받으면 경험을 통해 실패나 성공을 배우지 못해서 같은 실수를 반복하게 됩니다. 그러나 부정적인 기억을 처리할 수 있게 되면, 스트레스 처리도 잘할 수 있게 됩니다. 이것은 다음의 트라우마 부분에서 좀 더 자세히 다루도록 하겠습니다.

트라우마를 극복하는 방법

아이는 트라우마를 극복할 힘을 타고난다

트라우마란 무엇일까요? 트라우마라는 말 자체는 들어 본 적이 있을 것입니다. 그런데 어떤 의미인지 물으면 정확하게 답할 수 있을까요?

전문적으로 트라우마란 '예측할 수 없는 상황에 대응하지 못했던 기억으로 인해 같은 상황에 부딪히면 과민하게 반응하며 마비 또는 회피와 같은 방어 반응을 보이는 기억과 관련한 문제'입니다. 아이들은 트라우마(대응하기 어려운 기억)를 놀이라는 행위를 통해 스스로 받아들일 수 있는 현실적인 기억으로 변환할 수 있다고 알려져 있습니다.

예를 들어, 일본 아이들이 하는 지진 놀이나 쓰나미 놀이 등은 어른의 눈에는 조심성 없고 허용하기 힘든 행위로 보일 수 있습니다. 그러나 이것은 아이들이 트라우마로부터 회복하기 위한 매우 중요한 놀이입니다. 동일본 대지진 때 어른들의 정신적 손상이 너무 컸던 나머지 아이들에 대한 케어가 늦어졌고, 그로 인해 아이들은 평소보다 오랫동안 트라우마에 시달리는 경우가 많았기 때문이죠.

뇌의 회복력을 도와주는 것

트라우마에 대한 처리가 적절하게 이루어지지 않으면 외상 후 스트레스 장애PTSD로 인해 오랫동안 힘든 시간을 보내게 됩니다. 그럼 일단 트라우마가 되어 버린 기억을 PTSD로까지 발전하지 않게 하기 위해서는 어떻게 하면 좋을까요?

이를 위해서는 전문적으로 말하면, 뇌의 신경 조직을 생성하는 '신경발생neurogenesis'을 촉진하면 됩니다. 그러면 기억은 빠르게 해마에서 지워져 대뇌피질로 전송되기 때문에 트라우마가

PTSD로 발전할 가능성이 낮아집니다. 그렇다면 뇌의 '신경발생'을 촉진하기 위해서는 구체적으로 어떻게 해야 할까요? 간단한 방법 중 하나로 식사에 의한 영향이 있습니다.

교통사고에 의한 돌연사라는 불합리한 상황을 당한 유가족들에게 조금이라도 빨리 나쁜 기억을 덜어주기 위해 어떤 물질을 3개월간 섭취하게 한 후 뇌의 '신경발생'이 촉진되는 것을 살핀 연구가 있습니다. 그 결과, 교통사고로 인한 트라우마가 해마에 저장되어 있던 기간이 짧아졌고, 그로 인해 PTSD 발병률이 떨어졌음을 알 수 있었습니다. 그 물질은 등 푸른 생선 등에 풍부하게 들어 있는 DHA입니다. 음식으로 섭취하기 힘들면 보조 식품으로 섭취해도 좋습니다.

'엄마 손은 약손'은 뇌에 효과가 있다

최근에는 '신경발생'에 운동이 효과가 있다는 연구 결과도 있고, 그와 유사한 연구들도 활발하게 이루어지고 있습니다.

운동을 하면 해마에서 뇌유래신경영양인자brain derived neurotrophic factor, BDNF라는 물질이 증가합니다. BDNF는 근육의 단백질이나 지방의 대사를 좋게 할 뿐만 아니라, '신경발생'을 활발하게 하는 효과가 있다는 연구 결과가 있습니다.

또한 피부를 쓰다듬는 듯한 부드러운 마사지도 효과적입니다. 피부 자극에 의해 측좌핵이 자극되어 편안함을 느낄 수 있기 때문입니다. 어릴 적 배가 아프면 엄마가 배에 손을 얹어 "엄마 손은 약손" 하며 배를 부드럽게 만져 주면 신기하게 배가 나았던 기억이 있을 것입니다. 이것은 속임수가 아니라 뇌가 반응해 통증을 완화시켜 준 것입니다.

아이가 스트레스에 대처하는 방법만큼 그것을 받아들이는 부모에게도 그에 상응하는 지식과 기술이 필요합니다. 왜냐하면 부모 자신이 스트레스를 관리하여 올바른 양육을 실천할 수 있고 아이에게 그 방법을 가르쳐 줄 수 있기 때문입니다. 무엇보다도 아이와 자신의 스트레스를 받아들일 수 있는 힘을 키우기 위해서라도 지금부터 설명하는 '스트레스를 대하는 자세'와 '처리 방법'을 함께 배워 보도록 합시다.

04

아이의 부정적 감정에 부모는 어떻게 대처해야 할까?

아이의 '부정적인 말'을 바로 부정하면 안 된다

아이가 "C가 정말 싫어! 내일은 유치원에 안 갈 거야"라고 말했을 때 부모는 어떻게 대답해야 할까요? "그런 말 하면 못써. 지난번에는 C가 정말 좋다고 했잖아. 사이좋게 지내야지?"라는 말을 무심코 할지도 모릅니다.

그러나 이때 아이의 진심은 실제로 C가 싫은 것은 아닙니다. 오늘 있었던 일로 C가 일시적으로 싫어졌을 뿐입니다. 그런데 "그런 말 하면 못써"라고 말하면 아이는 자신의 말이 부정당한 것처럼 느껴져서 '그런 말은 안 하는 게 좋았겠구나'라는 생각을 하게 됩니다.

말에 뚜껑을 덮을 수는 있어도 감정에 뚜껑을 덮을 수는 없습니다. 머릿속에 있는 말을 쉽게 꺼내지 못하는 아이는 자기 본심을 드러낼 수 없습니다.

이러한 상황이 지속되면, 집에서는 말을 하지만 학교나 특정 장소에서는 말을 하지 못하는 '선택적 함묵증'에 시달리는 아이도 있습니다. 미숙한 단계에 있는 아이의 말은 부모가 이해하고 있는 것과 같은 의미로 사용하고 있지 않습니다. 그래서 아이의 말을 부정해 버리면 사소한 기분 나쁨이나 감정을 처리하는 방법을 익히지 못하게 됩니다.

말을 고치려고 하기보다는 행동의 가짓수를 늘리자

그렇다면 나쁜 말을 하는 아이로 키워야 하는 걸까요? 그렇지 않습니다. 중요한 것은 말을 고치는 것이 아니라, 그렇게 느꼈을 때 적절하게 대처하는 행동의 가짓수를 늘리는 것입니다.

자신의 말이 부정도 긍정도 당하지 않는 감정 처리법을 배움으로써 스트레스에 대한 내성이, 타인의 이해나 사회성·도덕성에 관여하는 뇌의 안와전두피질이라는 영역을 중심으로 성장합니다. 그리고 느낀 것을 표현할 수 있는 행동의 가짓수가 늘어나면 안정감을 느끼는 회로도 활성화됩니다.

약간의 스트레스를 끌어안고 행동하는 것이 스트레스에 대한 내성을 키우는 데 중요합니다. 그러나 신체적·심리적 학대와 같이 직접적이고 큰 스트레스나 가정 폭력과 같이 간접적이지만 아이가 지속적으로 마주하는 길고 질긴 스트레스는 아이의 안정감을 해쳐서 스트레스에 대한 내성을 기르는 데 역효과를 불러옵니다.

실패하지 않도록 하는 것보다 실패했을 때의 대처하는 힘이 더 중요하다

사춘기에 좀처럼 부정적인 감정을 드러내지 못하고 괴로워한 나머지 자신에게 상처를 주는 아이가 제게 이런 말을 했습니다.

"제 안에 선의의 내가 있어서 나쁜 생각을 하는 나를 거부합니다."

여기에서 중요한 것은 부정적인 감정을 가능한 한 겉으로 표출하여 그 감정을 처리하기 위한 다양한 방법을 생각해야 한다는 것입니다. 그렇게 하지 않으면 아이의 마음속에는 그 감정이 고여 괴로워집니다.

또한 지금의 시대는 실패하면 안 된다는 생각이 대단히 강한 것 같습니다. 그러나 사춘기 아이의 뇌 성장에는 올바른 것만을 가르치기보다 그 아이가 실패하게 될 만한, 아직 충분히 이해하지 못한 것을 찾아서 깨닫게 하는 것이 중요합니다.

실패하지 않도록 아이를 이끄는 것이 아니라, 실패를 최소한으로 막고 실패했을 때의 다양한 대처 방법을 고민하는 것이 아이의 뇌 네트워크를 확장하는 데도 도움이 됩니다.

그리고 아이가 경험하지 못한 것을 억지로 이해시키려고 하지 말고, 아이의 이해 능력에 맞춰 '적응할 수 있는 행동'을 체험을 통해 익히는 것이 아이에게 큰 도움이 됩니다.

05

부모의 관점과 아이의 관점은 다르다

"왜 여기서 그런 말을 해?"

어떤 엄마가 아이와 함께 ATM에서 돈을 뽑기 위해 줄 서 있을 때의 일입니다.

줄 앞쪽에 대머리인 중년 남성이 서 있었습니다. 그러자 아이가 "엄마! 저기 대머리 아저씨가 있어"라고 큰 소리로 외쳤습니다. 엄마는 당황하며 "그런 말 하면 안 돼!"라고 말했습니다. 아이는 더 큰 소리로 "왜? 대머리 맞잖아!"라고 외쳤습니다. 엄마는 그분에게 죄송한 마음과 주위 사람들에게 부끄러운 마음에 서둘러 그 자리를 빠져나왔습니다.

아이의 말은 대부분 악의가 없지만, 너무 직설적이어서 오히려 상처를 입을 수도 있습니다. 앞 상황의 경우 부모의 관점으로 생각하면 난처한 행동이지만, 아이의 관점으로 생각하면 대머리 아저씨를 발견한 것은 호기심을 자극하는 대발견입니다. 그리고 아이는 일부 사람들이 생각하는 것처럼 대머리 아저씨를 반드시 부정적으로 생각한다고 할 수는 없습니다.

이럴 때 아이의 관점에 맞춘 부모의 적절한 대응은 아이의 발견을 인정하면서도 주위에 적응할 수 있는 행동을 함께 생각하는 것입니다. 그렇게 하면 아이의 입장에서 적절한 행동이 늘어나는 동시에 아이의 생각도 인정받게 되는 것이죠.

그럼 실제로 어떻게 대응하면 좋을까요?

아이가 생각한 것을 그대로 말해 버린 경우, 그 자리에서 아이와 대화를 하는 것은 자극을 더욱 강하게 하는 일이기 때문에 앞의 엄마처럼 그 장소를 빠져나오는 것이 정답입니다. 가능하면 아이와 대화를 하지 말고 바로 자리를 뜨는 것이 좋습니다. '애써 ATM 앞에서 줄을 서 있었는데…'라는 마음도 이해하지만, 앞으로 일어날 일을 생각하면 빨리 대책을 세우는 것이 문제를 키우지 않는 방법입니다.

미리 연습하고 대응하자

그럼 한 가지 예시로 앞에서 언급한 엄마가 만든 규칙을 살펴보도록 합시다.

그 아이는 대머리 아저씨가 신경 쓰여서 견딜 수 없었던 것 같습니다. 그래서 아이의 엄마는 "만약 대머리 아저씨를 발견하면 귓속말로 말해 줘"라고 말하며 그렇게 하면 상을 주기도 했습니다.

이때 빼놓지 않고 꼭 해야 하는 것은 시각적인 시뮬레이션을 실제로 해 보는 것입니다. 말만으로는 아이에게 통하지 않습니다. 실제로 대머리 아저씨를 발견했을 때 어떻게 해야 하는지 집에서 연습한 후, 실전에 임하는 것입니다. 시뮬레이션을 한다면 아이는 뜻밖의 행동을 할 수도 있습니다. 생각보다 큰 소리로 말해서 주위 사람들이 들을 수 있다거나 웃으면서 상대방이 눈치챌 수 있도록 손가락질을 하기도 하겠죠.

부모의 상식은 아이의 상식과 다르기 때문에 재미있는 실수를 많이 접할 수 있습니다. 여러 번 연습을 반복하여 문제가 없을 것 같으면 실천 편을 진행하면 됩니다.

앞서 말한 엄마의 말에 따르면 밖에 나갔을 때는 즐거워서인지 상을 받고 싶어서 그런지 모르겠지만, 아이는 뛰어다니며 그 어느 때보다도 대머리 아저씨를 찾게 되었다고 합니다. 그러나 시뮬레이션대로 주위 사람들이 눈치채지 못하게 귓가에 대고 얘기할 수 있게 되어 엄마도 한시름을 놓았다고 합니다. 그리고 약속을 지킨 것에 대해 상을 주고 칭찬도 해 주었다고 합니다.

이후, '뚱뚱한 아줌마'나 '무섭게 생긴 아저씨' 등 아이의 흥미 대상은 달라졌지만 귓속말 전략은 그대로 살아 있어서 어렵지 않게 상황을 벗어날 수 있었다고 합니다.

엄마는 아이의 그런 흥미 대상이 언제까지 계속 이어질지 걱정이었지만, 같은 행동을 반복하다 보니 생각보다 빨리 귓속말 전략이 필요 없게 되었다고 합니다.

그뿐만 아니라 아이의 성장과 함께 뜻밖의 성과도 있었습니다. 아이는 곤경에 처한 사람이 있거나 혼자 있는 아이를 보면 조용히 가서 아무렇지도 않게 말을 거는 '참견쟁이(좋은 의미로)'가 되었다고 합니다. "사람들을 관찰하는 것에 흥미를 갖게 되어 다양한 사람을 받아들이고 인정하는 마음이 생긴 것 같아요."라고 엄마는 얼굴에 웃음을 띠며 말했습니다.

이렇듯 아이의 관점과 부모의 관점이 다르다는 사실을 기억하고, 이에 맞는 대책을 생각하시길 바랍니다.

통제할 수 없는 경험이 인내력을 키운다

포기를 통해 성장한 아이

앞서 스트레스에 대처하는 데 있어 감정 통제는 매우 중요하다고 설명했습니다. 그러나 아이의 억제 네트워크를 만드는 것은 무척 어렵습니다. 다만 전문적으로 말하면, 뇌의 억제성 신경전달물질인 GABA 회로의 네트워크가 제대로 자라고 있는 아이는 유아기부터 그 힘을 발휘합니다.

구체적인 예를 들어 설명하는 것이 이해하기 쉽기 때문에 D라는 6세 남자아이와 그 아이의 엄마에게 있었던 일을 소개하겠습니다.

D는 다음 주 유치원에서 있을 '하룻밤 캠프'를 위해 만반의 준비를 마친 상태입니다. 하룻밤 캠프에서는 곤충 잡기 체험과 곤충에 대해 배우는 시간도 있어서, D는 집에서 매일 캠프 이야기로 신이 나 있었습니다. 캠프 며칠 전부터는 혼자서 거실에서 자는 연습까지 시작했습니다. 그런데 캠프 전날 안타깝게도 D의 열이 38도까지 올라갔습니다. 엄마가 "내일 캠프 어떻게 할까? 열이 있어서 내일은 유치원은 못 갈 것 같은데…"라고 말하자, D는 "만약 열이 내리면 가도 돼?"라고 말하곤 바로 잠이 들었습니다. 그러나 다음 날 아침에도 열은 37도 후반이었습니다. 엄마는 "어떻게 할 거야? 만약 유치원에 간다고 해도 금방 엄마가 데리러 가야 할지 몰라"라고 말했습니다. 그러자 D는 엄마에게 등을 돌린 채 "오늘은 비가 와서 벌레 잡으러 못 갈지도 모르니까 됐어"라며 그냥 자기 방으로 들어가 잠들어 버렸습니다.

아이의 이런 반응에 엄마는 감동하여 눈물을 흘렸다고 합니다. 그렇게 열심히 준비하고 기대했던 것을 포기하는 것은 아이에게 정말 받아들이기 힘든 일이었을 것입니다. 아직 유치원생인 아이에게는 너무나도 괴로운 결단이었다고 생각합니다.

그런데도 강한 모습을 보여 주며 현실을 받아들이고, 동시에 우는 모습을 보여 주기 싫어서인지 엄마에게 등을 돌린 채 대답하는 아이의 모습에 엄마는 아이의 성장을 느꼈다고 합니다.

통제 불가능한 일을 극복하는 경험의 힘

유치원의 하룻밤 캠프는 부모라면 누구나 보내 주고 싶었을 것입니다. 부모 된 마음으로, 조금 무리하거나 대충 얼버무려서라도 가게 하고 싶다고 생각할지 모릅니다. 하지만 이런 상황에서 아이가 스스로 결단할 수 있는 것이 성장에는 중요합니다.

특히 인내력은 스스로 통제할 수 없는 것을 경험하고 그것을 받아들임으로써 키워집니다. 이때 부모의 생각으로 아이의 세계에 너무 깊이 들어가면 아이의 성장을 방해할 수도 있으니 주의하시기 바랍니다.

다만 기대했던 행사를 포기하는 것과 같은 힘든 경험은 부모로서는 별로 시키고 싶지 않을 것입니다. 그래서 그 후 온 가족이 하룻밤 캠프에서 가기로 했던 장소에 가 곤충도 잡고 즐거운 시간을 보냈다고 합니다.

괴로운 기억을 즐거운 기억으로 바꾼 일은 아이에게도 좋은 추억이 되어 지금까지도 가족들에게 재미있는 이야깃거리가 되고 있다고 합니다. 열심히 노력한 것을 '포기할 수 있는 힘'은 앞으로 나아가기 위한 커다란 원동력이 됩니다.

그것은 인생에서 어려움이 찾아왔을 때 '자신을 지탱하는 힘'이 되어 줄 것입니다.

07

회피는 스트레스에 대처하는 최고의 기술이다

도망치는 것은 때로는 도움이 된다

여기에서는 스트레스에 대처하는 데 있어 빼놓을 수 없는 회피 기술에 대해 소개하겠습니다. 이를 통해 부정적인 감정이나 자신에게 불편한 상황에서 피할 수 있습니다.

위기 상황에 빠지면 뇌는 투쟁 또는 도주 둘 중 하나의 반응을 선택합니다. 그러나 우리는 직면한 상황에 부딪쳐 해결하는 투쟁만을 강요받아 왔지 도주하는 기술은 배우지 못했습니다. 하지만 많은 사람들이 도주하기 위한 회피 기술을 자신도 모르게 배우고 있습니다.

예를 들어, 아이가 '일단 잘못했다고 하면 그 상황에서 벗어날 수 있을 거야'라고 생각하며 용서를 구하는 것은 흔한 행동입니다. 물론 부모의 시선으로 보면 그런 생각을 바탕에 둔 행동은 이해할 수 없으며, 무엇보다 그런 태도에 화가 날 수도 있습니다. 하지만 미숙 뇌 단계에 있는 아이의 반응으로서, '일단 잘못했다고 하고 그 상황을 벗어난다'라는 것은 적절한 회피 행동이라 할 수 있습니다.

이러한 경험을 통해서 아이는 나쁜 일을 피하거나 극복하는 경험을 쌓아 가고 그로 인해 그 상황에 적합한 다양한 행동을 익힐 수 있게 됩니다.

회피 상황의 판단은 아이의 몫이다

사춘기 전까지의 아이에게는 회피 행동을 함께 생각하고 실제로 시각적인 시뮬레이션을 하면서 자신이 할 수 있는 행동을 찾아 가는 것이 중요합니다. 그러나 사춘기 아이나 자기평가가 낮은 아이는 "함께하자"라는 말도 강요나 압박으로 느끼기 때문에 애써 시도한 권유가 오히려 역효과를 낳는 경우가 많습니다.

따라서 이런 경우에는 아빠나 엄마가 고민하고 있는 것을 아이에게 말하고 해결책을 배우는 형태로 생각을 끄집어내는 것도 한 가지 방법입니다. 또 아이에게 좀처럼 대체 방안이 나오지 않는 경우에는 부모의 생각을 보여 줌으로써 아이가 눈치채도록 하는 접근법도 효과가 있습니다.

다만 부모가 아이에게 자신의 고민을 말할 때는 현실적인 이야기일 필요가 전혀 없으므로 아이가 감당하지 못할 무거운 이야기는 하지 않도록 해 주세요. 아이에게는 가르쳐 주는 것이 아니라 스스로 알아차릴 수 있도록 하는 접근법이 중요하기 때문에 그림자 역할로 일관하시기 바랍니다. 깨달은 것은 자신이라고 생각하게끔 하는 것입니다.

아이가 스스로 회피 기술을 찾았을 때 칭찬을 하면 아이는 적절한 행동을 알게 됩니다. 즉 '회피할 수 있는 것 = 성공'이라고 아이에게 인식시키는 것입니다. 이것은 작은 일에서 성공 체험을 할 수 있도록 하기 위해서입니다.

높은 벽처럼 느껴지는 사건도 작은 계단을 조금씩 오르다 보면 극복할 수 있습니다. '하면 된다'라는 가능성을 느끼게 해 주는 것입니다. 부모의 힘으로 단숨에 정상까지 데려다주는 것은 아이에게 도움이 되지 못합니다. '작은 계단을 하나씩 오른다'라는 감각을 아이와 함께 느끼는 것이 중요합니다. 그러면 아이는 좀 더 적극적으로 자기 생각에 근거해 다양한 회피 기술을 익히려 할 것입니다.

아이의 부정적인 감정을 억누르려고 하지 말자

당신의 아이가 어떤 이유로 힘들어한다면 어떻게 하시겠습니까? 어떻게든 도와주고 싶다고 생각하는 것은 부모가 지나치게 자신의 책임을 강하게 느끼는 것입니다.

부모의 회피 기술이 다양하지 못하면 난관에 부딪힌 아이는 슬퍼하는 마음을 어떻게 다뤄야 할지 모르기 때문에 감정을 억누르려고 하는 경우가 많습니다. 예를 들어, 아이가 기껏 부정적인 표현을 사용하며 자신의 격한 감정을 현실적으로 표출하고 있는데 "울지 마!", "짜증 내지 마!"라며 부모가 억지로 억누르려 하는 경우죠.

그래서 부모가 다양한 회피 기술을 익혀야 하는 것입니다. 이를 위해서는 부정적인 사건이라도 긍정적으로 받아들이는 기술이 필수입니다.

회피에서 배울 수 있는 것도 많다

그럼 구체적인 회피 기술의 예를 살펴보겠습니다.

오늘도 언제나처럼 아빠의 기나긴 설교가 시작됐습니다. 그러나 아이는 오늘 친구들과 놀기로 한 약속이 있어서 어떻게든 빨리 나가야 합니다. 그래서 아이는 바로 "미안해요. 잘못했어요"라고 사과했습니다. 그렇게 바로 사과를 하자 아빠는 '반성하고 있구나'라고 생각하여 평상시 보다 설교가 짧게 끝났습니다. 아이는 이 경험을 통해 바로 사과한 덕분에 긴 설교에서 벗어날 수 있었다는 것을 배웠습니다. 그 후 아이는 반성하지 않고 있다는 것이 들키지 않도록 하기 위해서인지, 더 빨리 회피하기 위해서인지 사과하는 방법도 훨씬 능숙해졌고, 사과 방식의 변화도 늘어 갔다고 합니다.

회피 기술은 아이에게 있어서 본질적인 이해를 동반하지 않는 경우도 많습니다. 그리고 회피 기술을 바탕으로 행동하면 부모는 '진심으로 반성하지 않으면서 적당히 넘어가기 위해 반성하는 척하는 태도는 용서할 수 없다'라고 생각할지도 모릅니다. 게다가 사과가 능숙해져 가는 아이의 모습이 왠지 비겁하게 느껴지는 부모도 있을 것입니다. 하지만 회피 기술은 아이에게 있어 살아가는 데 도움이 되는 소중한 무기임을 기억하시기 바랍니다.

아이가 이렇게 '일단 바로 사과하는 게 좋다'라는 태도로 대응하는 경우, 의도를 알고 있어도 일부러 눈감아 주는 것이 아이의 회피 기술을 키우는 데 도움이 됩니다. 더욱이 부모가 해야 하는 것은 화를 내서 자신의 감정을 쏟아 내는 것도, 사과하는 아이의 모습을 보며 자신의 감정을 채우는 것도 아닙니다. 부모가 해야 하는 것은 아이가 스스로 스트레스를 처리하는 힘을 기를 수 있도록 도와주는 것입니다.

인생에서는 도망치는 용기도 중요하다

도망은 부끄러운 것이 아니다

"한 대를 맞으면 두 대로 갚아 준다."

오래전 어떤 드라마에서 이 대사를 듣고 왠지 가슴이 뛰었던 기억이 있습니다. 저처럼 60년대에 태어난 세대는 스트레스를 느낄 때 싸우는 기술만을 배웠습니다. 그래서 이런 대사를 들으면 자신도 모르게 가슴이 뛰는지도 모르겠습니다.

그러나 아이의 뇌를 성장시키기 위해서는 이런 대응만으로는 안 됩니다. 투쟁 이외에도 도주하기 위한 회피 기술을 가르쳐야 합니다. 저와 같은 연배에게 도망치는 것은 '부끄러운 짓'이나 '비겁한 짓'이라는 꼬리표가 붙는 일이었습니다. 그래서 도망치는 기술은 거의 배우지 않았고 그 종류도 많지 않습니다. 그러나 투쟁이라는 결연히 맞서는 자세와 도주라는 유연하게 피하는 자세, 양쪽 모두의 기술이 스트레스에 대처하기 위해서는 필요합니다.

또 '아이의 뇌 발달'이라는 관점에서 생각하더라도, 실패에 너무 끌려다니거나 너무 고집하지 않기 위해서 회피가 중요합니다. 실패를 하더라도 그 크기를 최소한으로 줄이고, 앞으로 나아갈 수 있는 유연성이 필요하기 때문이죠.

이는 스트레스와 공존하는 데 있어서 가장 중요한 기술 중 하나입니다. 도주를 위해 회피 기술의 가짓수를 늘리면 스트레스를 느꼈을 때 대처할 수 있는 선택지가 많아집니다.

안정감 부족은 괴롭힘으로 나타날 수 있다

무슨 일이든 신념을 가지고 대하는 것은 중요한 일입니다. 그러나 자신의 생각을 너무 고집한다면 올바른 성장을 하지 못할 수도 있습니다. 또한 생각이 너무 강하면 자기 뜻대로 되지 않은 결과를 받아들이지 못할 수도 있습니다.

다시 말해 자신이 아니라 어떤 일의 결과나 다른 사람을 '통제의 대상'으로만 보게 됩니다. 그러면 원래 갖추어야 하는 '자기 통제력'이 아니라, '다른 사람을 통제'하는 것에만 집중하게 됩니다.

아이의 자기평가를 높이기 위해서는 다른 사람의 통제에서 벗어나는 동시에 자기 통제력을 높이는 것이 중요합니다. 다른 사람의 통제에 농락당하기 쉽고, 도망치기 어려운 것이 학내 괴롭힘입니다. 괴롭힘에는 인간이 본질적으로 가지고 있는 다른 사람을 통제하려는 본능이 배후에 있습니다. 괴롭힘의 가해자가 되는 아이는 자신을 소중한 존재로 인식하지 못하고, 동시에 다른 사람의 아픔에 대해서도 공감하지 못합니다.

괴롭힘은 '안정감 성장'에 문제가 있는 아이에게 많이 나타납니다. 괴롭히는 행위가 다른 사람을 통제하는 형태로 표출되는 경우에는 단순히 괴롭힘을 그만두도록 하는 것만으로는 근본적인 해결이 되지 않습니다. 괴롭힘을 그만두지 못하는 아이는 주변을 통제해야만 자신의 안정감을 쟁취할 수 있기 때문입니다. 그러므로 애착을 기반으로 한 안정감을 키우는 것이나, 공감력을 키워 가는 것은 정말 중요하겠죠.

괴롭힘을 당한 아이의 비통한 외침

괴롭힘을 바라볼 때, 많은 부모들이 내 아이가 특별히 피해를 당하고 있지 않으면 강 건너 불처럼 생각하는 경우가 많습니다. 그러나 실제로 제가 진찰한 아이는 다음과 같이 말했습니다.

"내 마음에 새겨진 상처는 영원히 지울 수 없어요. 중학생이 되면 죽기로 결정했어요."

결연한 표정으로 이렇게 말하는 초등학교 6학년 아이에게는 어떤 말을 하면 좋을까요? 괴롭힘으로 인해 자신의 자아를 철저하게 부정당한 이 아이의 외침에 우리는 무엇을 할 수 있을까요?

이 아이들은 특별하지 않습니다. 언제 어느 때 내 소중한 아이가 이런 생각에 시달리게 되어도 전혀 이상하지 않습니다. 이런 불안한 상태의 아이에게는 상황에 굳세게 맞서라고 하기보다는, 회피가 더 도움이 될 수 있습니다. 그럼 어떻게 하면 좋을까요? 사례를 통해 알아보겠습니다.

아이의 결정이 답이다

어떤 남자아이는 하굣길에 항상 동급생으로부터 놀림을 당하고 맞곤 했습니다. 그럴 때마다 아이는 작은 목소리로 "그만해"라는 말밖엔 하지 못했습니다. 그러나 어느 날 인내심이 한계에 다다른 아이는 괴롭히는 동급생을 재빨리 태클을 걸어 업어 치기를 하려고 어깨에 둘러멨습니다. 사실 이 아이는 레슬링을 배우고 있어서 태클을 걸어 엎어 치는 기술이 특기였습니다. 그때는 하굣길이어서 주위에 있던 어른들이 말리는 바람에 동급생을 그냥 내려놓았습니다.

보통은 '얕보지 못하게 한판 싸우면 되지 않을까?'라며, 투쟁이라는 방법을 선택하기 쉽습니다. 하지만 상대와 싸우는 것이 싫은, 선천적으로 상냥한 성향의 아이라면 어떨까요? 싸우는 것을 싫어하는 아이가 투쟁을 선택하여 실행하면 그 자체가 스트레스가 됩니다. 그 때문에 가능하면 싸우고 싶지 않다는 생각으로 얌전히 있었던 것입니다. 실제로 이 아이는 싸우지 않아도 되는 방법을 알고 싶다고 저에게 말했습니다.

그 후, 이 아이는 동급생에게 괴롭힘을 당해도 무반응으로 대응하거나, 상대가 다가오면 슬쩍 거리를 두었다가 도망치곤

했습니다. 그래도 끈질기게 들이댈 때는 학교에서는 교무실로, 하굣길에는 집으로 도망쳤습니다. 또 도망칠 수 있는 장소도 미리 물색해 두었습니다.

도망친다는 것은 언뜻 보면 비겁하게 보일지 모르지만 싸우고 싶지 않은 자신의 마음을 지켜 내려는 아이의 마음은 강력했습니다. 또 아이는 "위험하다고 생각되면 내 존재를 지우고 그 장소를 조용히 벗어날 수 있게 되었어요"라고 의기양양하게 말했습니다.

도망치는 행위는 '정면으로 맞서는 것이 정의'라는 가치관을 가진 사람에게는 미치도록 하기 싫은 일일 수도 있습니다. 그러나 이는 단순히 현실로부터 도망치는 것이 아니라, 어떤 의미로는 투쟁 이상으로 강한 결의가 있어야 한다는 것을 저는 이 아이를 통해 배웠습니다.

다시 한번 여기서 말하고 싶은 것은 투쟁과 도주, 어느 한쪽만 정답이 아니라는 것입니다. 사람에 따라서, 상황에 따라서 어느 쪽이라도 괜찮습니다. 중요한 것은 아이가 어느 쪽을 선택하더라도 아이의 생각을 인정해 주어야 한다는 것입니다.

이 아이와 같이 자신의 관점에 맞춘 대응을 할 수 있어야만 스트레스를 느끼지 않고, 그것을 인정받음으로써 자신감으로도 이어집니다. 더 나아가 안정감을 얻는 것으로도 이어지고,

어떤 의미로는 나라는 존재를 인정받고 '인생을 헤쳐 나가는 힘'도 기를 수 있게 됩니다.

사춘기까지 다양한 회피 기술을 시작으로 '상황에 따라 유연하게 바꿀 수 있는 힘'을 기를 수 있으면, 자신이 통제할 수 있는 범위 내에서 응용력을 키우는 것으로 연결됩니다.

그 결과, 겉에서 보면 힘들 것 같아도 본인은 안정감을 얻게 되고 스트레스와 공존할 수 있게 됩니다. 그리고 그것이 강한 마음을 키워 냅니다.

유아기 ①

인내력이 강한 아이로 키우는 법

인내력은 어떻게 키울 수 있을까?

인내력을 키우기 위해서 유아기에 부모는 어떤 노력을 해야 할까요? 다음 다섯 가지 중에서 하나를 골라 보시기 바랍니다.

1. 유아기부터 열심히 참는 경험으로 근성을 단련한다
2. 좋은 점은 적극적으로 칭찬하고 나쁜 점은 엄하게 주의한다
3. 무슨 일이 있어도 칭찬을 아끼지 않는다
4. 넘어지는 경우, "안 아파! 괜찮아"라고 말하게 해 '아픔'이라는 감정

을 느끼지 못하게 한다

5. 부정적인 감정을 가능한 한 드러내도록 하고 아이의 눈높이에 맞는 대응을 함께 생각한다

이 대응 중 미래에 인내력이 강한 아이로 키우기 위해서 유아기 아이에게 가장 적합한 방법은 무엇일까요? 하나씩 살펴보도록 하겠습니다.

다섯 가지 대응법의 비교

첫 번째와 같이 '무조건 참는 정신적인 대응'은 자신의 의사표시를 하기 어려워지기 때문에 자기 감정과의 대화가 서툰 아이로 자랄 수 있습니다. 그러므로 너무 무리하게 되면 자신을 소중하게 여기지 않게 될 가능성이 있어서 대단히 위험합니다.

두 번째 대응의 경우, 좋은 점이 보이면 칭찬하는 것은 바람직하지만, 나쁜 점을 지나치게 엄격히 지적하고 주의를 주면 아이가 자신의 나쁜 점만을 강하게 인식할 수 있습니다. 부정적인 부분만을 너무 강하게 의식하게 되면 사춘기가 되어 자기평가가 낮아지고 자신이 가지고 있는 장점을 깨닫기 어려워집니다.

유아기에 이러한 대응은 바람직하지 않습니다.

세 번째와 같은 '뭐든지 칭찬하는 대응'은 아이가 적절한 행동이 무엇인지 알기 어려워집니다. 칭찬이라는 행위는 아이에게 적절한 행동을 알 수 있도록 하기 위한 방법 중 하나입니다. 그러나 아이가 어떤 행동을 하든지 칭찬을 하면 적절한 행동을 알기 힘들어지기 때문에 아무것도 배울 수 없습니다. 칭찬은 타이밍이 중요합니다.

네 번째는 '감정을 마비시키는 대응'이라 할 수 있습니다. 이는 적절한 행동에 대한 이해가 이루어질 수 없습니다. 이러한 환경 속에서 자란 아이들 중에는 사춘기가 되어 기억이나 사고, 판단 등을 담당하는 전전두엽이 활성화되는 시기가 되었을 때, 자신의 슬픔이나 괴로움, 기쁨 등의 감정을 이해할 수 없게 됩니다. "선생님 슬프다는 게 무슨 뜻이죠? 왜 저는 눈물이 나는 걸까요?"라며 자신의 감정을 이해하지 못해 당황해하는 아이들을 종종 만날 수 있습니다.

다섯 번째와 같은 대응이 감정을 제어하는 방식이 아직 확립되지 않은 이 연령대의 아이에게는 가장 적절한 방식이라 할 수 있습니다. 앞서 강조했듯, 유아기에 가장 중요한 것은 안정감을 키워 주는 것입니다. 부정적인 감정을 자유롭게 드러내도록 하는 것이 건강한 감정 표현을 도울 수 있고, 부모와 함께 이러한 감정에 대한 대응책을 생각하며 아이는 감정을 스스로 해결하는 법을 배울 수 있기 때문입니다. 이 과정에서 아이의 마음속에 안정감이 싹트는 것이지요.

10

유아기 ②

'환경'은 제한해도 '행동'은 제한하지 마라

마트에서 쇼핑할 때 아이가 소리를 지르고 떼를 쓴다면

어느 아빠와 어린아이가 마트에서 쇼핑을 하고 있는 장면을 상상해 보세요.

아이가 "이것 갖고 싶어, 저것 갖고 싶어"라며 물건을 함부로 만지고 다닙니다. 아빠가 급하게 아이의 행동을 제지하려고 하자 큰 소리로 울며 떼를 쓰는 아이의 필살기가 시작되고 말았습니다. 무시를 하려고 해도 주위 사람들의 시선이 따갑게 꽂힙니다.

이런 상황에서 주위 사람들이 도움을 주는 경우도 있겠지만, 그런 행운은 늘 있는 게 아닙니다. 대부분의 경우, 특히 어르신 분들의 따가운 시선이 많고, 아주 가끔이긴 하지만 "아이를 조용히 좀 시키세요!"라며 호통을 치는 사람도 있습니다.

부모라면 이런 경험이 한두 번쯤은 모두 있을 것입니다. 이럴 때는 어떻게 해야 할까요? 아직 미숙한 단계인 아이를 이해해 그저 묵묵히 참을 수밖에 없는 걸까요?

어린이집이나 유치원처럼 아이의 특징을 이해해 주는 환경이라면 어느 정도의 행동은 용인이 됩니다. 하지만 공공장소에는 문제 행동을 하면 곤란한 때가 대부분입니다. 이런 상황에 가장 좋은 방법은 말없이 철수하는 것뿐입니다. 아이의 행동을 강하게 제어하지 않으면 안 되는 장소에 아이를 데리고 가는 것은 가능하면 피하는 게 좋습니다.

일단 그 자리에서 벗어나 아이가 어느 정도 안정이 되면 아이가 지킬 수 있는 규칙을 함께 생각해 봐야 합니다. 그리고 집에서 대책을 바탕으로 연습하여 대처가 가능할 것 같으면 단계적으로 다음 도전을 생각하는 것이지요.

아이들에게는 계단을 하나씩 오르듯 할 수 있는 것부터 차근차근 단계를 밟아 가며 해결하는 것이 훨씬 유익합니다. 유아기 아이의 미숙한 뇌를 성장시키기 위해서는 실패하지 않는 방법을 가르치는 것보다 실패했을 때의 다양한 대처법을 찾아 가는 것과 그것이 허용되는 환경이 중요합니다.

아이가 '지킬 수 있는 규칙'을 함께 생각하자

조용히 해야 하는 공공장소에서의 반응은 형제나 자매라도 아이 한 명 한 명이 다 다릅니다. 담담하게 대응하는 아이가 있는가 하면, 좀처럼 쉽게 대응하지 못하는 아이도 있습니다. 아이 개개인에 맞춰 그 아이만의 규칙이나 목표를 함께 생각해 봅시다.

규칙이나 목표는 부모가 일방적으로 결정하는 것이 아니라 어디까지나 그것을 실천해야 하는 것은 아이이기 때문에 아이의 의견을 듣고 결정하는 것이 절대 조건입니다. 문제 행동이 심한 아이는 부모와 외출할 수 있는 장소가 줄어들 수밖에 없습니다. 다만 '행동을 제어하기 어렵다'라는 것은 뇌의 기능적인 관점에서 나쁘게 말하면 '참을성이 약한' 아이라는 의미이고, 좋게 말하면 '의지가 강한' 아이라는 의미이기도 합니다.

어릴 때의 대응이 힘든 아이일수록 그 아이의 성장에 맞는 대응을 제대로 해 주면, 앞서 말했듯이 '억제 계열 기능'이 성장하기 쉬워집니다. 그러면 사춘기 때는 반대로 자신의 의사를 분명하게 말할 수 있는 자립심이 강한 아이로 자라게 됩니다. 그러니 '환경'은 제한해도 '행동'의 제한은 최소한으로 합시다.

유아기·학령기 ①

아이가 평온해지는 마법의 기술 '온리 유'

아이와 일대일로 보내는 시간, '온리 유'

이 장의 마지막에서는 유아기부터 학령기까지 아이의 안정감을 기르는 최선의 방법 중 하나로 제 병원에서도 실시하고 있는 '온리 유only you'에 대해 소개하겠습니다. ('온리 유'를 유아기 아이에게 실천할 때는 부모에게 부담이 되지 않는 범위 내에서 시간이나 횟수 등의 제한을 두지 않고 해도 괜찮습니다.)

이는 부모에게 자신이 받아들여지고 있다고 느끼는 시간을 말합니다. 아이는 부모에게 받아들여짐으로써 비로소 관계성이 생깁니다. 그래서 아이와 일대일로 보내는 시간을 만들어야 합니다. 혹여 형제가 몇 명 있어도 이 시간만큼은 일대일이어야 합니다.

그리고 이 시간은 아이가 '어떻게 놀고 있는지', '어떤 것을 좋아하는지'를 관찰하는 시간이기도 하며, 아이가 '했으면 하는 행동'을 발견하는 시간이기도 합니다.

저는 '온리 유'를 사춘기 전까지 가장 중요한 것 중 하나인 안정감을 기르는 계기로 활용하고 있습니다. 아이와 마주하는 방법을 고민하고 있는 부모, 또 애착에 문제가 있는 아이의 부모에게는 특히 유효한 방법이라 생각합니다.

'온리 유'는 1주일에 한 번, 15분이면 OK

그러면 '온리 유'의 구체적인 방법을 알아보겠습니다.

① 1주일에 한 번 '온리 유'를 하는 시간을 정하라

엄마 혹은 아빠에게 여유로운 시간이면서 동시에 아이와 단둘이 있을 수 있는 시간을 찾습니다. 아이의 성장을 위해서는 '이 이상의 횟수는 하지 않는다'라고 횟수를 정해 놓고 실시하는 것이 중요합니다. '온리 유' 시간이 아이의 마음속에 정착이 되면 그 이외에도 '온리 유'를 생각하게 됩니다. 횟수를 한정하는 이유는 아이에게 '온리 유' 시간을 좀 더 의식하게 하기 위해서입니다.

② '온리 유'를 하자고 아이에게 제안하라

아이에게 "'온리 유'라는 놀이는 단둘이서 네가 좋아하는 것을 하며 노는 시간이야"라고 말합니다. 그리고 아이와 함께 보내는 비밀 시간은 '○○ 타임' 등과 같이 특별한 이름을 정하면 보다 효과적입니다.

③ 시간도 아이와 의논하여 결정하라

시간도 아이와 함께 의논하여 구체적으로 '일요일 오후 3시부터 3시 15분까지'와 같이 정합니다. 시간은 15분에서 30분 정도가 적당합니다. 그 이상 길어지지 않도록 하세요. 이 시간은 아이의 관점에서 아이와 마주하는 시간이기 때문에 부모에게는 조금은 부담이 됩니다. 30분 이상이 되면 좀처럼 관계성을 유지하기가 쉽지 않습니다.

15~30분 정도의 시간이면 충분히 효과를 얻을 수 있기 때문에 결코 무리해서 할 필요가 없습니다.

④ 놀이나 규칙도 아이와 논의해서 결정하라

'온리 유' 시간에 무엇을 할 것인지를 포함하여 규칙을 사전에 아이와 함께 이야기해서 결정하는 게 좋습니다. 특히 게임 CD 구입과 같은 무리한 약속은 할 수 없다는 것도 미리 얘기해 두세요.

또 비디오 게임이나 애니메이션과 같은 것은 아이가 거기에 빠져 버릴 수 있기 때문에 가능하면 피하도록 하는 게 좋습니다. 특히 비디오 게임은 안 됩니다. '온리 유'에는 15~30분이라는 시간 제약이 있으므로, 어떤 상황이 되면 마칠 것인가에 대해서도 미리 정해 놓지 않으면 게임이 주체가 되기 쉽습니다.

그리고 아무리 느슨하고 편하게 한다 하더라도 공부는 하면 안 됩니다. 공부를 하게 되면 아무래도 부모와 아이의 관계가 지도하고 배우는 관계가 되기 때문에 '온리 유'의 취지에 적합하지 않습니다.

부모와 주고받으며 노는 것이 서툰 경우, 또는 혼자 노는 것을 좋아하는 아이의 경우에는 아이가 하는 놀이를 지켜봐 주는 것만으로도 충분합니다. 그때는 부모가 아이의 놀이에 흥미를 가지고 보고 있다는 것을 의식하게 해 주시기 바랍니다. 그래도 놀이가 정해지지 않으면 아이가 평상시 하는 놀이를 관찰하면서 제안해 보세요. 다만 이때 지시하듯 하면 안 됩니다. 어디까지나 결정권은 아이에게 있어야 하기 때문이지요.

놀이의 이미지가 명확하지 않은 아이는 놀이를 몇 번 바꾸다 보면 시작할 수 있는 지점에 서게 되는 경우가 많습니다. 아이가 스스로 결정할 때까지 초조해하지 말고 시행착오를 함께 해 주세요. 그림 그리기, 찰흙 놀이, 실뜨기, 구슬치기, 오셀로, 끝말잇기 등과 같이 부모들이 어릴 적 했던 놀이도 의외로 아이들이 좋아합니다.

⑤ '온리 유' 시간에는 반드시 아이의 속도와 리듬에 맞춰라

놀이를 할 때, 아이의 속도가 빨라서 따라가기 힘들 때는 아이에게 맞추시기 바랍니다. 반대로 너무 느긋해서 답답하더라도 짜증을 내거나 싫은 표정을 지어서는 안 됩니다. 이 시기의 아이는 과민해서 부모의 약간의 표정 변화를 매우 민감하게 느낍니다.

그래서 부모는 이 시간만큼은 배우가 되어야 합니다. 놀이를 통해서 아이의 '했으면 하는 행동'을 발견하고, 칭찬하는 연습을 합시다.

⑥ '온리 유' 시간에 명령과 지시는 하지 마라

'온리 유'는 부모가 아이를 받아들이는 것이 목적이기 때문에 이 시간 동안은 절대로 아이에게 지시나 명령을 해서는 안 됩니다. 비판적인 말도 해서는 안 됩니다.

아이가 별로 적절하지 않은 내용의 이야기를 하더라도 "그렇게 생각하는구나"라며 부정도 긍정도 하지 않는 대화법을 사용해 주세요. 아이가 규칙을 지키지 못했을 때도 '온리 유' 시간이 끝난 다음에 알려 주세요.

'온리 유'는 그냥 놀이가 아닙니다. 아이에게 특별한 마법의 시간임을 기억하시기 바랍니다.

12

유아기·학령기 ②

'온리 유'를 계속하면 아이의 행동에 변화가 생긴다

'온리 유'에 의한 두 가지 변화

'온리 유'를 하다 보면 유아기나 학령기의 안정감은 물론, 사춘기를 향해 홀로 서기를 시작하기 위한 강한 마음을 기르는 것으로도 연결됩니다.

'온리 유'에 의한 아이의 변화는 특히 두 가지 포인트가 있습니다. 그에 대해 뒤에서 자세히 알아보도록 하겠습니다.

① 달라붙어 응석을 부리는 행동

아이가 이런 행동을 한다면 기회입니다. 아이의 달라붙기 공격을 그냥 받고만 있지 말고, 반대로 달라붙기 공격을 해 보세요. 아이가 초등학생이 되면 몸도 커져서 아이가 달라붙어 응석을 부리면, 엄마의 경우 힘으로 멈추게 하기가 그리 쉽지 않습니다. 게다가 '온리 유' 이외의 시간에 아이가 달라붙어 응석을 부릴 때, 마음의 준비나 여유가 없다면 좀처럼 받아 주기가 힘듭니다.

그러나 이때 아이는 부모의 반응을 무의식 중에 몸의 모든 감각을 통해 느끼고 있습니다. 약간의 싫은 표정이나 태도는 즉시 간파되어 애써 만든 안정감을 기를 수 있는 기회를 잃어버립니다. 아이가 달라붙을 때는 부모는 자신의 속도로 그 자리를 통제하면 비교적 편하게 받아들일 수 있습니다.

달라붙기 공격을 하는 단계의 아이에게는 '역으로 달라붙기 공격하기'가 유효합니다. 부모의 적극적인 달라붙기 공격은 아이의 안정감과 연결됩니다. 이것을 몇 번 반복하면 아이의 달라붙기 공격도 서서히 줄어들게 됩니다.

② 시험 행동

시험 행동이란 아이가 상대와의 거리를 측정하기 위해 하는 행동으로, 부모에게는 문제 행동으로 느껴질 수 있습니다. 예를 들어, "그런 말 하면 안 돼"라고 몇 번이고 아이에게 주의를 주었는데도 아이는 히죽히죽 웃으며 사람들 앞에서 큰 소리로 반복해서 말하거나, 부모 중 누군가가 있을 때만 동생을 꼬집어 울리고는 모른 척하는 등의 행동이 이에 해당합니다.

시험 행동은 부모가 보기에는 '하지 않았으면 하는 행동'이지만, 이것은 미숙한 아이가 성장하는 과정에서 나타나는 정상적인 반응입니다. 아이는 부정적인 감정도 포함하여 표현하고, 그것조차도 받아 주면 안정감의 싹이 자랍니다. 특히 애착 형성이 충분하지 못한 아이일수록 '온리 유'를 하면 이 시험 행동이 더 자주 심하게 나타납니다. 그 때문에 사춘기 전에 이와 같은 시험 행동을 수용해 주면 아이에게 있어 최대의 무기인 안정감이라는 갑옷을 두르고 사춘기를 맞이할 수 있게 되는 것입니다.

시험 행동은 사춘기와 당당히 맞서기 위한 마음을 키우기 위해서도 중요한 반응 중 하나입니다. '온리 유'를 통해 시험 행동이 확실하게 나오도록 하고, '달라붙기 공격'을 충분히 받아 주세요. 아이가 달라붙어 응석을 부리는 행동이나 장난을 걸어오면 곧 '온리 유'를 졸업한다는 신호입니다.

육아는 아이와 부모 모두를 성장시킨다

저는 병원에 찾아온 부모님에게 반드시 물어보는 것이 있습니다.

"노력을 통해 아이의 행동이 좋아지거나 밝고 건강해지길 바라십니까?"

무슨 당연한 말을 하는가 싶기도 하겠지만, 사실 부모님 중에는 자신이 학대나 방치를 당하는 등 부적절한 환경에서 자란 분도 상당히 많습니다.

그러면 아이의 행동이 좋아지고 변화해 감에 따라 자신이 과거 부모에게 적절한 양육을 받지 못한 것이 생각나서 힘들어지거나, 밝고 건강해지는 아이가 반대로 얄밉게 느껴질 수도 있습니다. 이것은 자녀와의 관계를 통해 부모가 자기 자신의 과거를 객관화할 수 있게 되면서 느끼게 되는 감정입니다.

따라서 아이의 성장을 있는 그대로 기뻐할 수 없을 때는 부모의 문제를 해결하는 것이 급선무입니다.

아이의 성장을 도와주기 위해서는 아이의 관점을 이해하는 것이 중요하지만, 그 시작 지점에 서기 위해서는 먼저 부모 자신도 깨닫기 힘든 문제에 직면하게 됩니다. 그러므로 육아란 아이는 물론이거니와 부모에게도 성장의 기회이기도 합니다.

사춘기 ①

아이의 말에 담긴 진짜 의미를 파악하라

사춘기 아이의 말은 진심이 아닐 수 있다

사춘기 아이의 심한 말 중에는 반드시 전하고 싶은 말이 있는 것은 아닙니다. 이 시기에는 언뜻 보면 심하게 느껴지는 말과 행동이 진심으로 보이기도 합니다. 사춘기 아이라도 아직 자신이 전하고 싶은 말을 정확하게 전달하는 것이 서투른 경우가 많고 그래서 때로는 격한 감정이 전면에 나오는 반항적인 말을 하거나, 반대로 침묵하거나 표현에 어려움을 겪기도 합니다.

부모는 그런 사춘기 아이의 격한 감정에 휘둘리지 않도록 주의하면서 진의를 파악하는 것이 중요합니다. 우선 그러기 위해서라도 아이의 생각에 귀를 기울여야 합니다.

이와 관련해서도 앞서 강조한 부모의 경청이 정말 중요합니다. 아이가 어릴 때부터 말을 제대로 들어 주며 자신의 생각을 잘 표현할 수 있는 분위기를 형성하면, 사춘기 아이와의 의사소통도 훨씬 쉬워집니다.

'아이의 말' 이면에 귀를 기울이자

실제로 이런 일이 있었습니다. 어느 날, 15세 정도의 남자아이가 눈을 치켜뜨고 위협적인 모습으로 제 병원 진찰실로 들어왔습니다. 그리고 갑자기 이렇게 말했습니다.

"나는 전쟁을 해서 사람을 많이 죽이고 감옥에 들어가고 싶어요. 가능하면 많은 사람을 죽이고 나도 죽고 싶어요."

이런 상황이라면 여러분은 어떻게 대응하겠습니까?

"그런 말을 하면 안 돼. 자신을 아껴야 해"라거나, "사람을 죽이는 건 해서는 안 되는 일이야" 또는 "죽으면 안 돼"와 같은 답을 할 것 같지 않으십니까?

우선 격한 감정을 그대로 말로 표현하는 사춘기 아이의 진의는 그 말 속에 있지 않습니다. 부모라면 사춘기 아이가 하는 말의 날카로움에 너무 진지하게 반응해서 '죽는다'라거나 '죽인다'와 같은 단어에 과민반응을 보이기 쉽습니다.

그러나 중요한 것은 그 아이가 무엇을 전하고 싶어 하는지 파악하는 것입니다.

아이의 기분을 확인하면서 말을 끝까지 듣는 것은 어느 시기나 중요합니다. 그 아이와 대화를 나누면서 그 아이의 말이 자신이 말하고 싶은 내용으로 서서히 변화해 가는 것을 알 수 있습니다.

최종적으로 그 아이는 이렇게 말했습니다.

"안전한 장소만 있으면 이런 생각을 하고 싶지 않아요. 담임 선생님에게 '그런 일을 하면 나중에 감옥에 갈 수 있어'라는 말을 들은 것이 매일 꿈속에 나와서 시커먼 무언가가 내게 말을 걸어요. 그게 너무 무서워서 잠을 잘 수가 없어요."

그 후, 그 아이의 격했던 표현은 자신이 하고 싶은 말로 바뀌었고 표정도 순식간에 평온해졌습니다.

사춘기 아이의 격한 언동은 그 말속에 감정은 꿈틀거리고 있지만, 진의는 그 속에서 찾을 수 없을 때가 많습니다. 그렇기 때문에 더욱 아이 한 명 한 명의 생각을 진지하게 들어 주고, 그것을 제대로 전해 주는 것만으로 아이는 스스로 자신이 정말로 하고 싶은 이야기가 무엇인지 깨닫습니다. 그리고 그것이 자기 힘으로 걷기 시작하는 계기가 됩니다.

14

사춘기 ②

마음의 고통은 스스로를 상처 입히는 행위로 나타난다

왜 자해를 할까?

사춘기 아이 중에는 주위 사람들에게 공격적인 행동을 보이는 경우도 있고, 자신을 다치게 하는 행동을 하는 아이도 있습니다. 자해 행위를 하는 아이에게는 어떻게 대처해야 할까요?

어떤 아빠는 자해 행위를 반복하는 아이에게 "아빠도 아파"라고 조심스럽게 말했다고 합니다. 그러나 아이의 자해 행위는 멈추지 않았고, 아빠의 마음도 여전히 아팠습니다. 물론 아빠의 말처럼 아이가 자해 행위를 하는 것을 직접 눈으로 목격한다는 것은 부모로서는 자기 살을 찢는 것 이상으로 대단히 힘든 일일 것입니다. 그러므로 아이와 제대로 마주하기 위해서라도 먼저 자해에 관해 제대로 이해했으면 합니다.

자해는 참기 힘든 마음의 아픔을 느끼는 것과 같은 격한 감정을 느껴서, 그것을 잊기 위해서 어쩔 수 없이 하는 행위입니다. 그리고 그렇게 긴장이 높아진 상태가 되면 뇌 속 마약의 일종인 '엔케팔린enkephalin'이라는 신경전달물질이 분비되어 무감각한 마비 상태가 되며, 이것이 자해를 할 수 있는 상태를 만들어 줍니다.

다시 말해 자해 행위를 하면 괴로운 감정으로부터 해방되는 상황이 만들어지기 때문에 반복하게 되는 것입니다. 자해를 계속하다 보면 신체의 고통이 익숙해지고, 이것은 어떤 의미로는 살기 위한 자해의 효과가 떨어지는 것이어서 더욱 가혹한 자해로 이어지기도 합니다.

"제가 다른 사람들보다 못났다는 의식이 강하기 때문에 그 죄에 대한 벌로 스스로 상처를 입히는 것 같아요"라는 말을 한 아이도 있었습니다.

자극 대체 기술과 회피 대체 기술

그렇다면 자해 행위에 어떻게 대처하면 좋을까요? 자해 행위를 그만두라고 계속해서 말하는 것 외에는 방법이 없는 걸까요?

우선 "자신에게 상처를 입히는 것은 안 되는 거야"라고 자제를 요청하는 말은 자해 행위에는 역효과입니다. 자해 행위로 인해, 어떤 의미로는 마음속 괴로움에 일시적으로 뚜껑을 덮고 살아갈 수 있는 아이에게 그 행위를 멈추라고만 하는 것은 반대로 그 아이가 고통으로부터 도망칠 수 있는 유일한 방법을 차단해 버리는 것과 같은 일일 수 있습니다.

저는 자해 행위에 대한 대응도 유아기의 부정적인 감정 처리와 같다고 생각합니다. 부정적인 감정을 표출시켜 회피하는 방법들을 늘려서 대응해야 합니다.

좀 더 알기 쉽게 설명하자면, 자해 행위를 하는 아이의 감정을 부정하지 않고, 고통을 표현하기 위한 방법들을 늘려 가는 것입니다. 자해 행위를 그만두라고 말하는 것은 그 아이의 감정을 부정하는 것이 됩니다. 그런 고통에서 벗어나게 하기 위해서는 적절한 다른 행동을 함께 고민해야 합니다. 이때 생각할 수 있는 회피 기술로는 '자극 대체 기술'과 '회피 대체 기술'이 있습니다.

예를 들어, 자극 대체 기술은 다음과 같습니다.

- 자해 행위를 할 때 피부에 대는 것을 칼이 아닌 차가운 얼음이나 고무줄 등으로 바꿔서 비교적 안전한 대체 감각을 느끼게 한다
- 자해 행위라는 강한 감정의 전환을 위해 뇌의 다른 영역을 활성화시키는 레지스턴스 트레이닝(고부하 웨이트 트레이닝)이나 인터벌 트레이닝(고강도 심폐 트레이닝) 등과 같이 자신을 몰아붙일 정도로 격렬한 운동을 한다
- 감정 표출을 위해 노래방에 가서 미친 듯이 큰 소리로 노래를 부른다

이는 자해 행위 이외의 행동을 통해 같은 자극을 주어서 대체하는 것입니다. 회피적인 대체 기술로 다음과 같은 것이 있습니다.

- 자율훈련법이나 호흡법 등을 통해 신체의 다른 부분에 대한 주목도를 높인다
- 그림을 그리거나 음악을 듣는 등 자신이 좋아하는 행위에 몰입함으로써 기분 좋은 상태에 놓이게 한다
- 부정적인 표현을 마음껏 해도 진심으로 안심할 수 있는 상대와 대화를 한다

이는 행동으로 의식을 전환시킴으로써 괴로운 감정에서 일시적으로라도 벗어나도록 하는 것을 말합니다.

자해 행위를 하는 아이에게는 대체하거나 회피하는 행동을 함께 생각하는 것으로, 자신이 소중한 존재라는 사실을 깨닫는 것이 중요합니다.

다시 한번 강조하지만, 무작정 자해 행위를 멈추게 하는 것은 아이에게 더욱 치명적일 수 있습니다. 그러니 앞서 설명한 대체 방법을 고려해 보는 것도 좋고, 심각한 경우 병원에 내원해 상담을 받는 것을 추천합니다.

PART 5

더 나은 육아를 위해 부모가 알아야 할 것

01

애착장애나 발달장애는 남의 일이 아니다

우리 아이도 아파하고 있을 수 있다

아이들을 둘러싼 문제로 학대, 발달장애 등의 이슈가 TV나 신문, 인터넷과 같은 미디어에서 많이 거론됩니다. 하지만 부모에 따라서는 '우리 아이와는 관계없다'라고 생각할지도 모릅니다. 물론 그렇게 생각하는 것 자체를 부정할 생각은 없습니다. 다만 실제로는 '부모는 학대라고 생각하지 않지만, 아이에게는 지나치게 엄격한 대응'이나 '눈치채지 못한 발달장애나 2차 장애' 등이 생각보다 많습니다.

여기서 말하는 '지나치게 엄격한 대응'이란 신체적 또는 심리적으로 아이의 생각이 무시되거나, 부정당하거나, 공격당해서 받아들여지지 않는 모든 상태를 가리킵니다. 그래서 앞 장에서 말한 아이의 부정적인 격한 감정의 표현을 받아들이는 것이 매우 중요한 일입니다.

또한 부부 싸움과 같이 아이에 대한 직접적인 행동은 아니지만, 아이의 안전과 안정감의 원천인 부모가 눈앞에서 상처를 주는 일을 목격하는 것은 아이의 안정감을 뿌리째 뒤흔들어 버릴 정도로 큰일입니다.

아이의 뇌에 미치는 영향의 관점에서 말하면, 언어폭력이 신체적인 폭력을 당하는 것보다 뇌에 훨씬 큰 손상을 입힌다고 알려져 있습니다. 부모는 아이에게 직접 한 행동이 아니라고 생각할지 모르지만, 아이의 뇌에는 깊고 큰 상처가 새겨질 수 있는 일입니다. 그리고 그 마음의 상처는 어른이 되어서 죽을 때까지 치유되지 않고 괴로움으로 남게 되기도 합니다.

실제로 어떤 엄마는 "어릴 적 아버지로부터 혼나고 비난받았던 기억이 떠오르면 지금도 괴로워서 참을 수 없어요. 눈물이 멈추질 않아요. 이 슬픔은 아버지가 돌아가시더라도 사라지지 않을 거예요"라고 말하기도 했습니다.

발달이 특이한 아이는 알기 어렵다

앞서 말했듯, 진찰 기준으로는 발달장애 기준을 충족하지 못하더라도 발달장애를 가진 아이와 같은 대응이 필요한 아이도 상당히 많습니다.

이러한 아이를 어른들이 사회의 일반적인 잣대로 대응하게 되면 그 아이의 고통은 보이지 않게 됩니다. 그 결과, 2차 장애로 이어지는 것입니다. 발달장애나 발달이 특이한 아이의 문제는 잘 보이지 않기 때문에 부모의 부적절한 대응이 애착 형성에도 영향을 주기도 합니다.

발달장애 아이는 어떻게 보면 우리가 상상도 할 수 없는 관점을 넓혀 주는 존재라고 저는 생각합니다. 이러한 아이의 관점이나 발달의 특징을 이해할 수 있으면 아이에게서 얻을 수 있는 혜택은 헤아릴 수 없을 만큼 많습니다.

우리가 느끼지 못하는 관점을 접할 수 있다는 점에서는 이런 아이들은 천재라고 생각합니다. 실제로 초일류 운동선수나 일류 연구자들 중에는 이러한 특징을 가지고 있는 사람들이 많습니다.

여기에서 학대를 포함해 지나치게 엄격한 대응을 받고 있는 아이나 발달장애나 발달이 특이한 아이 모두에 대해 이야기할 수는 없지만, 이런 아이들의 특징이나 관점을 언급함으로써 지금 당신 앞에 있는 아이가 힘들어하고 있는 것에 대한 약간의 힌트가 될 수 있을 것입니다.

아이의 성장에 맞는 대응이 필요하다

발달장애는 모든 부모가 알아야 한다

애착이나 학대 문제는 대응이 어렵기는 하지만, 후천적인 요인이 원인이 됩니다. 반대로 발달이 특이한 아이의 문제는 선천적인 요인이 원인이 됩니다.

따라서 이런 아이에 대한 대처 방법은, 일반적인 성장을 목표로 하지 않고, 아이의 특징을 이해하고 성장에 맞는 대응을 할 필요가 있습니다.

왜냐하면 이런 아이에 대해서 일반적인 잣대로 평가를 하면

'제멋대로다'라는 꼬리표가 붙기 쉽고, 부모나 다른 어른의 기준으로 이해하기가 어렵기 때문이죠. 그 결과, 아이는 질책받는 일이 많아지고 게다가 애착에 관한 문제도 생기며, 대인 관계에서 문제가 될 수도 있습니다.

아이의 관점을 이해해야 한다

현재 발달이 특이한 아이는 단일 유전자가 아닌 많은 유전자가 원인으로 지목되고 있습니다. 따라서 정상적으로 발달하는 아이와 명확한 선을 긋기가 어려워지고 있습니다. 정상적인 발달을 보이는 아이 중에도 발달이 특이한 아이와 같은 문제로 괴로워하는 경계성 아이들도 많습니다.

그러므로 앞서 말했듯, 발달이 특이한 아이를 이해하고, 그러한 아이의 관점을 생각하는 것은 자신의 아이가 가지고 있는 비슷한 특징에 대한 대응 힌트가 될 수 있습니다.

마음의 상처를 입은 아이와 마주하는 방법

'어디에서나 착한 아이'에게 숨겨져 있을 수 있는 문제

어디에서나 착한 아이는 위험하다고 앞서 말했지만, 나이에 맞지 않게 학교에서도 집에서도 '모든 상황에서 착한 아이'는 발달의 문제나 애착의 문제가 있을 가능성이 있습니다.

그러나 다음 중 하나를 판별하는 것은 매우 어렵습니다.

- 발달에 특징이 있는 일부 아이들에게서 보이는 바와 같이, 양극단에 국한된 사고로 정해진 것을 충실하게 지키려고 하는가?

- 애착 문제가 있는 아이와 같이 100퍼센트 도덕적인 행위를 하는 완벽한 인간이 아니면 받아들일 수 없다는 생각을 가지고 있는가?

어느 쪽이든 '어디에서나 착한 아이'는 눈에 보이는 행동문제가 있는 아이 이상으로 주의해서 보지 않으면 안 된다고 생각합니다.

특히 요즘은 학교에서도 애착 형성에 문제가 있는 아이가 매우 많습니다. 이런 아이에게는 우선 자신을 소중하게 여기는 것을 배우도록 해야 합니다. 자신이 소중하게 여겨져야 하는 존재라는 사실을 반드시 알려 줘야 합니다.

애착장애나 트라우마는 자기방어를 강화시킨다

트라우마나 애착장애 등을 안고 실패를 받아들이지 못하는 아이들이나, 실패하지 않도록 과도하게 아이를 관리하는 부모 아래에서 경험을 축적할 수 없는 아이들이 많습니다.

애착에 문제가 있어 안정감이 제대로 키워지지 못한 아이는 작은 자극에도 트라우마가 생기기 쉽습니다. 한편 학대 등의 트라우마에 의해 안정감을 잃어버린 아이도 애착 형성에 문제를 갖게 된다고 알려져 있습니다. 애착 문제와 트라우마로 안정감을 얻지 못하는 아이는 자신을 지켜 줄 사람은 스스로밖에 없기 때문에 자기방어를 강화하게 됩니다.

그리고 애착이나 학대에 의한 문제는 아이만의 일시적인 것이 아니라, 그러한 문제를 일으킨 환경 속에서 계속해서 성장함에 따라서 또 다른 문제가 발생합니다. 연구에 따르면 생후 즉시 엄마 쥐에서 분리되는 정신적 스트레스를 갖게 된 쥐는 성체기(인간의 성인 상태) 행동 이상의 대부분이 자녀 쥐나 손자 쥐 등 수 세대에 걸쳐 발현된다는 보고도 있습니다.

다시 말해 애착이나 학대 문제는 세대 간을 넘어 영향을 미칠 수도 있다는 것입니다. 애착이나 학대 문제는 아이를 위한 것은 물론, 아이의 미래를 위해서도 해결돼야 합니다.

엄격한 훈육으로 자존감이 낮아진 아이와 마주하는 방법

지나치게 엄격한 훈육의 악순환

"아빠는 나를 싫어해요. 그래도 아빠가 나를 안아 줬으면 좋겠어요."

아빠에게 지속해서 지나치게 엄격한 대응을 받은 어떤 남자아이가 제게 한 말입니다. 부모에게 학대를 포함해 부적절한 대응을 받은 아이는 부모를 어떻게 느끼고 있을까요? '부모는 나를 싫어한다'라고 생각할까요?

이렇게 생각하고 있다면 '나쁜 건 내가 아니다'라고 받아들이고 있는 것입니다. 말하자면, 자신은 나쁘지 않은데 부당한 대우를 받고 있으니 나를 지켜야 한다고 생각하는 것이죠.

그러나 학대와 같은 지나치게 엄격한 대응을 받은 아이는 그렇게 생각하지 않습니다. '내가 맞는 것은 내가 나쁘고, 내가 약속한 것을 제대로 지키지 않았기 때문이다'라고 받아들입니다. 그래서 자신이 맞는 것은 당연한 것이라고 생각하게 돼 버립니다.

이런 상황에서는 아이의 자존감이 낮을 수밖에 없습니다. 거기에는 아무것도 하지 못하는 못난 자신밖에 존재하지 않습니다. 자존감이 극단적으로 낮은 아이는 문제 행동을 반복하고, 그 행위 때문에 주위 사람들로부터 더더욱 부적절한 대응을 받습니다. 좀 더 전문적으로 말하면 부정적인 자기 인식을 반복해서 쌓아 가는 잘못된 학습의 네트워크를 형성하게 됩니다.

동시에 관여하려는 주위 사람들을 부정적 악순환으로 끌고 들어가 통제하는 것이죠.

마음을 닫아 버린 아이를 어떻게 대해야 할까?

그렇다면 이러한 아이는 어떻게 대응해야 할까요? 그런 아이에게는 예상하지 못한 상황을 만들어 아이에게 통제당하지 않는 관계를 만드는 것이 중요합니다.

어떻게 하는 건지 순서대로 설명하겠습니다.

우선 알아야 할 것은, 부적절한 대응으로 인해 극단적으로 자기평가가 낮아져 버린 아이에 대한 대응은 매우 어렵다는 사실입니다. 이런 아이는 일부러 사람을 난처하게 하는 문제 행동을 반복합니다. 그런 행위로 인해 주변 사람들에게 계속해서 지나치게 엄격한 대응을 받게 되고, 그 결과 자기평가는 더 낮아지게 됩니다.

그뿐만 아니라, 아이는 그런 대응밖에 하지 못하는 부모를 신뢰하지 못합니다. 왜냐하면 자신의 행동으로 인해 화를 내는 부모의 반응은 아이에게 예상 범위 안에 있기 때문입니다.

아무리 부모가 대응을 해도 그 행동은 아이에게 있어 예상 범위 안에 있기 때문에, '속이 다 보인다'라고 생각되어 표면적인 대응으로밖에 보이지 않습니다. 그리고 부모가 아이의 예상 범위 안에서만 행동한다는 것은 어떤 의미로 아이에게 통제당하고 있는 상태라고도 할 수 있습니다.

부모의 행동이 비록 아이에게 위협적인 화를 내는 행동이라도 그 행동은 이미 아이의 예측 범위 내에 있기 때문에 아이의 통제하에 있는 것입니다. 또한 이런 아이는 자신의 안정감을 빼앗긴 상태이기 때문에 항상 긴장 속에 있습니다. 동시에 위기 상황에 적응하기 위해 비뚤어진 시각으로 주위를 바라보게 되어 있습니다.

즉 비록 자신이 부정적인 상황을 초래했다 하더라도 예상 범위 안에서 반응하는 사람들은 자신의 통제하에 있기 때문에 안정감을 느낍니다. 어떻게 보면 안정감을 얻기 위해 문제 행동을 일으키는 것입니다.

이런 아이를 대할 때는 절대 아이에게 통제당하지 않도록 주의해야 합니다. 다만 통제당하지 않도록 주의한다고 해서 아이의 이야기를 듣지 말라거나, 반발하라는 것은 아닙니다. 아이가 예상하지 못한 행동을 해야 합니다. 그렇게 대응하면 아이는 대단히 불안해져서 자신의 통제하에 두기 위해서 더욱 격하게 행동합니다. 그런데도 통제되지 않는다면 슬슬 눈치를 보며 의식을 하기 시작할 것입니다.

예상 밖의 행동을 통해 아이를 제대로 마주하라

저는 부모의 잘못된 대응으로 인해 주변을 통제하려고 하는 아이와 이야기할 때는 자극을 줄이기 위해 가능한 아무것도 없는 방에서 이야기를 합니다.

처음에는 당연히 말을 하지 않고 소리를 지르거나 물건을 던지기도 하고, 벽을 치기도 합니다. 그래도 한동안은 전혀 반응하지 않고, 일부러 아이에게 눈길을 주지 않고 담담하게 앉아 있습니다.

그리고 아이의 행동이 진정되면 저는 예상 밖의 행동을 합니다. 아이는 '어차피 화를 낼 거야, 화를 내지 않더라도 상당히 당황스러운 반응을 할 거야'라고 생각합니다. 그러나 아이의 난폭한 행동에 대해서는 전혀 언급하지 않고, 저는 담담하게 "손은 안 다쳤어? 좀 보여 줄래?"라며 말을 겁니다.

이 행동은 혼이 나거나 잔소리를 들을 것이라 생각하며 마음의 준비를 하고 있었던 아이에게는 예상 밖의 일이 됩니다. 그래서 손 부상을 걱정해 주면 아이는 어리둥절해합니다. 다만 바로 손을 보여 주는 아이도 있긴 하지만, 대부분의 아이는 의아한 표정으로 이쪽을 응시합니다. 하지만 이런 시도를 몇 번 정도 반복하다 보면 아이는 서서히 손을 보여 줍니다. 그리고 손을 치료받는 상황이 연출되면 그때는 아이가 조금씩 제 얘기를 들어 줍니다.

이런 아이에게 자신이 통제할 수 없는 상대와 마주하는 것은 매우 두려운 일입니다. 하지만 '내가 통제할 수는 없지만 안전하게 관계를 맺을 수 있는 어른도 있구나'라고 조금이라도 느끼게 할 수 있다면 그 순간이 아이와 제대로 마주할 수 있는 기회가 됩니다.

애정을 순순히 받아들이지 못하는 아이와 마주하는 방법

학대받는 아이는 애정조차 통제당한다고 생각한다

앞서 말했듯, 학대를 포함한 지나치게 엄격한 대응으로 상처를 받은 아이에게는 통제당하지 않고 예상 밖의 대응을 하면서 어떻게든 안심할 수 있는 관계를 조금이라도 느끼게 해 주는 것이 중요합니다. 이러한 아이는 애착에 문제가 있는 아이와 같이 '작은 보상'뿐만 아니라 '큰 보상'에도 전혀 반응하지 않는 것과도 연결됩니다.

보상에 의해 좌우된다는 것은 통제당하는 상태라고 할 수 있

애착 문제를 가진 아이의 뇌 구조

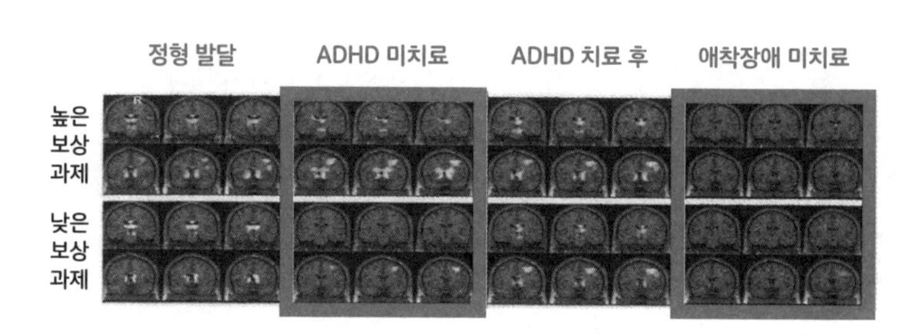

맨 오른쪽의 애착에 문제가 있는 아이는, 맨 왼쪽 정형발달 아이나 왼쪽에서 두 번째의 ADHD(주의력결핍 과잉행동장애)와 같은 발달이 특이한 아이들과 달리, 작은 보상뿐만 아니라 큰 보상에도 뇌가 전혀 반응하지 않는 모습을 보입니다.

출처: 도모다 아케미友田明美, 후쿠이대학교 마음발달연구센터

습니다. 한편 보상에 좌우되지 않는다는 것은 통제에 반응하지 않는다는 것입니다. 그런 아이와 마주할 때는 이쪽에서 애정을 가지고 대하려 해도 아이가 당황하는 경우가 종종 있습니다.

사랑이라는 행위 자체도 자신이 통제당하는 것은 아닐까 하는 불안감을 높일 수 있습니다. 그 때문에 학대를 포함해 지나치게 부적절한 대응을 받는 아이와의 거리를 유지하는 것은 매우 어려워집니다.

또한 이런 아이는 사람과 적절한 거리를 유지하는 것을 싫어하는 경향이 있습니다. 너무 가까이 다가가서 오해를 받거나, 반대로 너무 거리를 둬서 친해지지 못하는 것처럼 말입니다. 적절한 거리를 유지하기가 쉽지 않아서 행동도 매우 즉흥적으로 변해서 안정적이지 못하고, 스트레스에 대한 내성이 약하기 때문에 사소한 일에 비정상적으로 반응합니다.

남에게 받아들여진 경험이 적은 아이는 사람을 받아들이기 어렵다

제가 만난 어떤 학대를 받은 아이는 높아서 위험한 곳도 아무렇지 않게 오르거나 뛰어내리면서 정작 자신이 남의 어깨에 올라타는 목말은 이상하게 두려워했습니다.

스스로 저에게 달려오긴 했지만 기본적으로 목말처럼 자신이 통제할 수 없는 상황을 받아들이는 것을 매우 두려워하는 것 같았습니다. 제가 아무리 애정을 가지고 대해도 종종 통제당할지도 모른다는 불안감을 내비치곤 했습니다.

이런 아이에게는 우선 신체적·심리적으로도 부정당하지 않고, 안심할 수 있는 환경이 주어지는 것이 무엇보다 중요합니다. 안정감을 느낄 수 있는 뇌의 기능을 작동시키지 않으면 어떠한 보상(애정이나 친절한 대응을 비롯한 긍정적인 작용)도 무의미하기 때문입니다. 그러니 이런 아이를 만난다면, 아이의 관점에서 어떻게 하면 안정감을 느낄 수 있을지 생각해 보고, 천천히 다가가는 자세가 우선시돼야 한다는 것을 기억하시기 바랍니다.

핀란드의 교육 방침, 아이는 아이이면 된다

핀란드에서는 어떤 교육을 할까?

저는 현재의 병원을 개업하기 전에 3개월 정도 자유 시간을 보낼 기회가 있었습니다. 이 기간에 저는 병원 업무는 전혀 하지 않고, 힘들어하는 아이나 가족의 이야기를 듣거나, 행정 담당자와 함께 어려운 가정을 방문하여 상담을 해 주거나, 때로는 아이들과 운동이나 놀이를 하는 등 다양한 가정의 상황을 직접 접할 기회를 가졌습니다.

이런 시간은 제 시야를 크게 넓혀 주는 기회가 됐습니다. 소아과 이외의 연구회나 학회에도 참가하여 지금까지 배우지 못한 관심 있는 여러 장르를 기웃거렸으나, 그중에서 가장 큰 수확이었던 것은 대학생들과 함께 떠난 핀란드 교육 실습 여행이었습니다.

당시의 저는 일반적인 소아과 진료만이 아니라 학대를 받은 아이들이나 발달장애 아이들과 그 가족을 만날 기회가 많아서 '이 아이들을 어떻게 대하면 좋을까'라는 물음에 대한 답을 찾지 못해 고민이 많았습니다. 또 제가 만났던 아이들이나 그 가족과의 거리도 잘 유지하지 못하고 실패를 거듭하며 고민하던 때였습니다.

그러던 중 핀란드라는 나라를 알게 되었습니다. 당시 국제학업성취평가Program for International Student Assessment, PISA의 모든 분야에서 월등히 높은 성적을 내는 나라가 핀란드였습니다. 분명 교육에 열성인 나라구나 하는 생각으로 별 생각 없이 핀란드의 학습 시스템을 공부해 보니 놀라움의 연속이었습니다.

아시아권 나라들처럼 수험 지옥이 있고 그 안에서 효율적인 학습을 시키기 위한 어떤 시스템이 있을 것이라는 생각으로 핀란드의 교육에 대해 알아보기 시작했습니다. 그런데 공부할수록 보기 좋게 배신을 당했습니다. 거기에는 아이들의 자유로운 선택이 듬뿍 담겨 있었습니다. 강제적이지 않고 생기 넘치는 모습으로 생활하는 아이들의 모습이 있었습니다.

다만 이렇게 아이들의 자유의사를 존중하는데 공부까지 잘한다는 것은 있을 수 없는 일이라고 생각했습니다. 그리고 실제로 제 눈으로 확인하고 싶다는 생각이 점점 커져서 대학생들의 교육 실습 여행에 잠입하게 된 것입니다.

핀란드에서 배운 육아에서 중요한 것

핀란드에서 가장 놀라웠던 것은 어린이집의 아이들에 대한 대응이었습니다. 발달장애로 충동성이 높은 아이에 대해서도, 말로 지시하는 일이 거의 없고 옆에 앉은 전담 선생님이 아이의 행동만을 제지하는 대응을 하고 있었습니다. 그리고 잘한 행동에 대해서는 귓가에 대고 작은 목소리로 분명하게 칭찬을 해 줬습니다.

발달이 특이한 아이에게는 전문 선생님이 개별적으로 붙어서 대응하고 있다 하더라도, 다른 선생님들의 자연스러운 대응에 놀라지 않을 수 없었습니다.

언뜻 보면 단순하게 생각될 수 있는 아이의 행동에도 일관성을 가지고 대응하는 모습을 보며 선생님이 아이에 대해 대단히 높은 이해도를 가지고 있다는 생각이 들었습니다. 핀란드에서는 발달이 특이한 아이에 대해서 바로 도움을 줄 수 있는 시스템이 있기 때문일 것입니다.

애착장애에 대해 제가 질문했을 때, "여기에는 일본에서 문제가 되고 있는 애착장애를 가진 아이가 전혀 없습니다"라고 단언하는 모습에 깜짝 놀랐습니다.

어린이집 선생님도 애착이란 말을 들어 본 적도 없다고 말하는 것에 또 한 번 놀랐습니다. 돌아오는 길에 어린이집 선생님께서 이런 말씀을 하셨습니다.

"기본적으로 저희의 관점은 아이들이 아무런 공부를 하지 않아도 되고, 무언가를 익히지 않아도 된다는 것입니다. 아이는 아이이면 됩니다. 노는 것으로 충분합니다. 아이들에게 불필요한 부담을 주지 않는 것이 우리들의 일입니다."

이 말은 제가 아이들을 대하는 자세에 큰 영향을 미쳤습니다. 이때, '아이들에게는 어른들의 관점으로 무언가를 시키지 않는 것이 오히려 성장에 도움이 되지 않을까, 어떻게 그것을 뒷받침할 이론 체계를 찾을 수 있을까'라는 생각을 했으며, 앞으로 어떤 공부를 해야 할 것인지 방향성이 조금 보이기 시작했습니다.

어린이집을 견학한 다음에는 저 혼자 남아서 초등학교·중학교·고등학교·대학교뿐만 아니라 교육위원회와 특별지원학교, 도서관 등 다양한 교육기관을 찾아서 견학했습니다. 핀란드에서의 경험은 아이의 성장에 관한 저의 가치관을 뿌리째 흔드는 것이었습니다. 여기서 처음으로 아이의 관점으로 바라보는 것의 훌륭함을 체감할 수 있었습니다.

07

유아기·학령기 ①

아이의 뇌 발달을 돕는 '지켜보는 육아'

핀란드 아빠들의 육아법

일본에서는 '공원 데뷔'라는 말이 있습니다. 공원에서 다른 엄마들과 친해지는 문화를 말하는데요. 엄마의 처세가 그 집단에서 인정받느냐 못 받느냐에 따라 아이의 친구 관계에까지 영향을 주는 경우가 많습니다.

하지만 제가 핀란드의 탐페레Tampere라는 도시에 있는 공원에서 무심히 본 광경은 정말 놀라웠습니다. 그 공원에서 놀고 있던 아이들은 많이 있었지만, 그중에 엄마는 한 명도 없었습니다. 자세히 보니 아이들과 함께 나온 사람은 모두 아빠들이었습니다.

아빠들은 아이가 새 친구와 얘기를 나누거나 할 때 약간 쑥스러운 미소를 짓는 경우는 있어도, 아무 말 없이 그저 아이가 노는 모습을 가까이서 지켜볼 뿐이었습니다. 아이들은 자유롭게 뛰어다니거나 조금 높은 곳에 오르거나 위험한 장난을 치기도 했지만, 그때도 아빠는 "위험해!"라는 말을 하지 않고 그저 아이가 떨어질 수 있는 위치에 미리 가서 기다릴 뿐이었습니다.

이 시기의 아빠만이 할 수 있는 '지켜보는 육아'는 아빠의 존재 가치를 단번에 높여 준다고 생각합니다. 엄마는 이 시간에 자기만의 자유를 만끽할 수 있고, 아이나 다른 사람들과의 번거로운 인간관계에서도 해방될 수 있습니다. 아이도 이것저것 지적받지 않고 마음껏 자유롭게 놀 수 있기 때문에 뇌의 네트워크 확대에도 매우 좋은 효과를 발휘합니다.

자유로운 놀이가 뇌에 미치는 효능은 헤아릴 수 없을 만큼 많습니다. 자유롭게 노는 아이를 지켜봐 주는 아빠는 분명 아이에게도 엄마에게도 점점 더 큰 존재가 되어 줄 것입니다.

'네우볼라'라는 육아를 배우는 곳

저는 아빠들의 세련되고 조용한 대응법에 놀라 충격을 받았습니다. 그리고 한 아빠에게 말을 걸어 이야기를 들었습니다.

이런 방법은 일본의 보건센터에 해당하는 '네우볼라Neuvola'에서 배웠다고 했습니다. 핀란드에서는 이곳에서 부부가 함께 부모가 되기 위한 교육을 정기적으로 받습니다. 네우볼라에서는 기저귀 갈기나 젖을 먹이는 등의 신체적인 케어뿐만 아니라 아이와의 놀이나 일상생활에서의 아빠의 역할에 관해서도 배운다고 합니다.

네우볼라에 다니기 시작한 불안한 표정의 새내기 부모가 아이가 태어날 무렵이 되면 온화하고 따뜻하며 당당한 부모의 모습으로 성장해 있다고 합니다. 그래서 엄마가 쇼핑 등으로 외출하는 동안에는 아빠가 아이를 지켜보며 마음껏 놀게 하기도 하는 것이죠.

조금 수줍어하는 아빠들은 공원에서 서로 대화하는 것을 그리 잘하지 못하지만, 아빠들은 서로 조심하면서 별다른 대화도 없이, 그저 아이를 지켜보는 것이 가능하기 때문에 아이를 보살피는 것이 힘들지 않고 편해 보였습니다. 그리고 일부러 아이에게 너무 많은 말을 하지 않도록 주의하고, 위험한 행동이나 다른 아이를 때리려고 할 때도 말로 제지하는 것이 아니라 행동만으로 제지하려고 의식한다고 했습니다.

아이에게 너무 많은 말을 하면 아이는 간섭을 받고 있다고 느껴서 기분을 위축시킬 뿐입니다. 핀란드식 육아처럼 자주 말을 걸지 않으면 반대로 아이들은 무언가를 지적받으면 자신이 한 행동이 무언가 잘못되었다는 사실을 더 쉽게 깨닫게 됩니다.

핀란드의 이와 같은 육아법은 견학했던 어린이집이나 특별지원학교에서도 실제로 많이 볼 수 있었습니다. 핀란드는 아이들에 대한 세심한 배려를 곳곳에서 볼 수 있는 나라였습니다. 짧은 기간이었지만 저는 핀란드에서 육아에 대해 많은 것을 배울 수 있었습니다.

유아기·학령기 ②

핀란드 아이가 가진 뛰어난 의사소통 능력의 비밀

핀란드 아이가 배우는 토론의 규칙

핀란드에서는 평상시에 수줍고 소극적인 아이라도 초등학교 토론 시간이 되면 거리낌 없이 자신의 의견을 말합니다. 이는 아이들의 의사소통 능력을 키우기 위해 필요한 문화입니다. 핀란드에서는 초등학생이 토론할 때에도 명확한 규칙이 있었습니다. 다음이 그 토론 규칙의 한 예입니다.

1. 다른 사람의 발언을 가로막지 않는다

2. 말할 때는 장황하게 말하지 않는다
3. 말할 때는 화를 내거나 울지 않는다
4. 모르는 것이 있으면 바로 질문한다
5. 대화할 때는 말하고 있는 사람의 눈을 본다
6. 사람이 말을 하고 있을 때는 다른 짓을 하지 않는다
7. 마지막까지 제대로 듣는다
8. 토론이 무산될 만한 것은 말하지 않는다(전제된 것을 뒤집는 것은 말하지 않는다)
9. 어떤 의견이라도 틀렸다고 단정하지 않는다
10. 토론이 끝나면 토론에 대해 이야기하지 않는다(의견은 토론장에서 말한다)

토론은 의사소통 능력을 월등히 높인다

의사소통 능력은 살아가는 데 있어 중요한 기술이지만 실천적인 연습을 쌓아 가지 않으면 성장할 수 없습니다. 핀란드와 같이 일정한 규칙 아래에서 기술을 갈고닦지 않으면 이 능력은 성장하지 못할 것입니다.

이렇게 구체적인 규칙을 정함으로써 아이들은 누군가가 이

야기하는 도중에 참견하는 것이 얼마나 큰 규칙 위반인지 이해하게 됩니다. 또한 일방적으로 자신의 생각이 틀렸다고 부정당하는 것이 얼마나 좋지 않은 일인지도 깨닫게 됩니다.

이러한 과정에서 아이의 소통 능력은 현격히 높아질 것입니다. 그리고 대화를 통해 서로를 알게 되면 아이들의 세상에 대한 이해도 깊어져서 아이의 행동 범위도 넓어질 수 있습니다.

맺음말

단순한 '육아'가 아닌 '즐거운 육아'를 위해

육아란 부모의 꿈을 아이가 실현하는 것이 아니라 지금 내 앞에 있는 아이가 어떤 보물을 가지고 태어났는가를 함께 찾고 깨닫게 하는 과정입니다. 아이가 좋은 학교에 들어가거나 좋은 직업을 갖거나 높은 지위나 명예를 쌓아도 행복을 느끼지 못하면 아무 의미가 없습니다.

부모에게 요구되는 것은 부모가 바라는 아이로 유도하는 것이 아니라, 다른 사람의 평가에 휘둘리지 않고 나다움을 지키며 사는 법을 찾을 수 있도록 도와주는 것입니다. 그리고 육아란 아이에게 '여러 가지 삶의 방법이 있고 다양한 사람이 있는 것이 좋다'라는, 선택지가 넓어지는 사고를 갖도록 지도하는 것이지요.

이 책에는 학대나 괴롭힘으로 힘들어하면서 필사적으로 살아가는 아이들에게서 제가 배운 많은 것들이 담겨 있습니다. 이 책을 통해 '아이에게 진정으로 행복한 삶은 무엇인가'를 함께 생각해 봤으면 좋겠습니다.

마지막이 돼서야 고백하지만, 사실 저는 육아라는 말을 그다지 좋아하지 않습니다. 이 말에는 '부모의 관점'을 바탕에 깔고 아이를 바라본다는 이미지가 있기 때문입니다. 그러나 이 책을 통해서 이야기한 아이의 뇌 발달에 근거하여 아이의 관점을 이해하고, 그 관점에 맞춰 아이가 적응할 수 있는 행동의 종류를 늘릴 수 있으면 아이의 성장을 편하게 즐기면서 육아에 임할 수 있다고 생각합니다.

그런 관점으로 아이를 대하면 부모도 스스로 모르는 사이에 성장하는 순간을 느끼게 될 것입니다. 그러면 그저 단순한 '육아'가 아닌 '즐거운 육아'가 될 수 있을 것입니다.

감수 김영훈

가톨릭대학교 의과대학 졸업 후 동 대학원에서 석·박사 학위를 취득했다. 가톨릭대학교 의정부 성모병원장을 역임했으며, 대한소아청소년과학회 발달위원장, 한국발달장애교육치료학회 부회장, 한국두뇌교육학회 회장으로 학술 활동을 하고 있다. 현재 가톨릭대학교 소아청소년과 교수로 재직 중이다. 2002년 대한소아신경학회 학술상과 2007년 가톨릭대학교 소아과학교실 연구업적상을 받았으며, EBS '육아학교' 멘토로 활약한 바 있다. 지은 책으로 『하루 15분, 그림책 읽어주기의 힘』, 『뇌박사가 가르치는 엄마의 영재육아』, 『두뇌성격이 아이 미래를 결정한다』, 『배움이 느린 아이들』 등이 있다.

아이 뇌를 알면 진짜 마음이 보인다

1판 1쇄 인쇄 2022년 12월 5일
1판 1쇄 발행 2022년 12월 14일

지은이 오쿠야마 치카라
옮긴이 양필성
감수 김영훈

발행인 양원석 **편집장** 차선화 **책임편집** 김하영 **디자인** 어나더페이퍼
영업마케팅 윤우성, 박소정, 정다은, 백승원 **해외저작권** 함지영

펴낸 곳 ㈜알에이치코리아
주소 서울시 금천구 가산디지털2로 53, 20층(가산동, 한라시그마밸리)
편집문의 02-6443-8893 **도서문의** 02-6443-8800
홈페이지 http://rhk.co.kr
등록 2004년 1월 15일 제2-3726호

ISBN 978-89-255-7719-7 (03590)